献给清华大学建校100周年

暨梁思成先生诞辰110周年

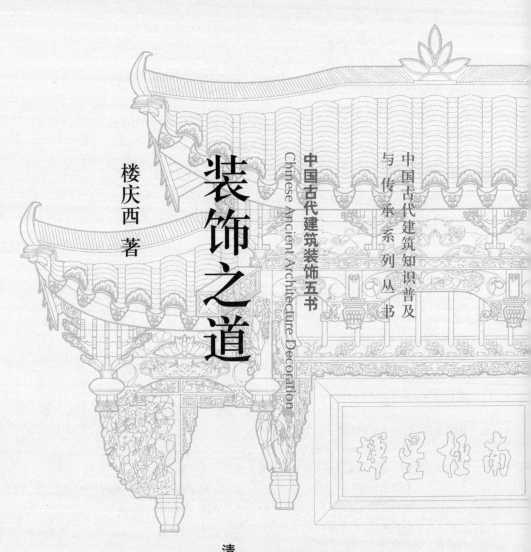

楼庆西 著

装饰之道

中国古代建筑装饰五书

Chinese Ancient Architecture Decoration

中国古代建筑知识普及与传承系列丛书

清华大学出版社 北 京

图书在版编目（CIP）数据

装饰之道 / 楼庆西著. —北京：清华大学出版社，2011（2024.9重印）
（中国古代建筑知识普及与传承系列丛书. 中国古代建筑装饰五书）
ISBN 978-7-302-24972-6

I.①装… II.①楼… III.①古建筑—建筑装饰—中国—图集
IV.①TU-092.2

中国版本图书馆CIP数据核字（2011）第039422号

责任编辑：徐　颖　徐　海
装帧设计：锦绣东方图文设计有限公司
责任校对：王凤芝
责任印制：杨　艳

出版发行：清华大学出版社
　　　　　网　　址：https://www.tup.com.cn, https://www.wqxuetang.com
　　　　　地　　址：北京清华大学学研大厦 A 座　　邮　编：100084
　　　　　社总机：010-83470000　　　　　　　　邮　购：010-62786544
　　　　　投稿与读者服务：010-62776969, c-service@tup.tsinghua.edu.cn
　　　　　质量反馈：010-62772015, zhiliang@tup.tsinghua.edu.cn
印装者：小森印刷（北京）有限公司
经　销：全国新华书店
开　本：170mm×230mm　　　印　张：16　　　字　数：200 千字
版　次：2011 年 4 月第 1 版　　印　次：2024 年 9 月第 9 次印刷
定　价：99.00 元

产品编号：040857-05

献给关注中国古代建筑文化的人们

策　划：华润雪花啤酒（中国）有限公司

统　筹：清华大学建筑学院

主　持：王　群　朱文一

执　行：王贵祥　王向东

资　助：清华大学建筑学院

　　　　华润雪花啤酒（中国）有限公司

参　赞：

李新钰　刘旭　侯孝海　张远堂　陈迟　李念

　　　　袁增梅　连博　廖慧农　李路珂

　　　　毛娜

◆ 总序一 ◆

　　2008年年初，我们总算和清华大学完成了谈判，召开了一个小小的新闻发布会。面对一脸茫然的记者和不着边际的提问，我心里想，和清华大学的这项合作，真是很有必要。

　　在"大国"、"崛起"甚嚣尘上的背后，中国人不乏智慧、不乏决心、不乏激情，甚至不乏财力。但关键的是，我们缺少一点"独立性"，不论是我们的"产品"，还是我们的"思想"。没有"独立性"，就不会有"独特性"；没有"独特性"，连"识别"都无法建立。

　　我们最独特的东西，就是自己的文化了。学术界有一句话："建筑是一个民族文化的结晶。"梁思成先生说得稍客气一些："雄峙已数百年的古建筑，充沛艺术趣味的街市，为一民族文化之显著表现者。"当然我是在"断章取义"，把逗号改成了句号。这句话的结尾是："亦常在'改善'的旗帜之下完全牺牲。"

　　我们的初衷，是想为中国古建筑知识的普及做一点事情。通过专家给大众写书的方式，使中国古建筑知识得以普及和传承。当我们开始行动时，由我们自己的无知产生了两个惊奇：一是在这片天地里，有这么多的前辈和新秀在努力和富有成果地工作着；二是这个领域的研究经费是如此的窘迫，令我们瞠目结舌。

　　希望"中国古代建筑知识普及与传承系列丛书"的出版，能为中国古建筑知识的普及贡献一点力量；能让从事中国古建筑研究的前辈、新秀们的研究成果得到更多的宣扬；能为读者了解和认识中国古建筑提供一点工具；能为我们的"独立性"添砖加瓦。

王 群

华润雪花啤酒(中国)有限公司　总经理
2009年1月1日于北京

◆ 总序二 ◆

2008年的一天，王贵祥教授告知有一项大合作正在谈判之中。华润雪花啤酒（中国）有限公司准备资助清华开展中国建筑研究与普及，资助总经费达1000万元之巨！这对于像中国传统建筑研究这样的纯理论领域而言，无异于天文数字。身为院长的我不敢怠慢，随即跟着王教授奔赴雪花总部，在公司的大会议室见到了王群总经理。他留给我的印象是慈眉善目，始终面带微笑。

从知道这项合作那天起，我就一直在琢磨一个问题：中国传统建筑还能与源自西方的啤酒产生关联？王总的微笑似乎给出了答案：建筑与啤酒之间似乎并无关联，但在雪花与清华联手之后，情况将会发生改变，中国传统建筑研究领域将会带有雪花啤酒深深的印记。

其后不久，签约仪式在清华大学隆重举行，我有机会再次见到王总。有一个场景令我记忆至今，王总在象征合作的揭幕牌上按下印章后，发现印上的墨色较浅，当即遗憾地一声叹息。我刹那间感悟到王总的性格。这是一位做事一丝不苟、追求完美的人。

对自己有严格要求的人，代表的是一个锐意进取的企业。这样一个企业，必然对合作者有同样严格的要求。而他的合作者也是这样的一个集体。清华大学建筑学院建筑历史研究所，这个不大的集体，其背后的积累却可以一直追溯到80年前，在爱国志士朱启钤先生资助下创办的"中国营造学社"。60年前，梁思成先生把这份事业带到清华，第一次系统地写出了中国人自己的建筑史。而今天，在王贵祥教授和他的年长或年轻的同事们，以及整个建筑史界的同仁们的辛勤耕耘下，中国传统建筑研究领域硕果累累。又一股强大的力量！强强联合一定能出精品！

王群总经理与王贵祥教授，企业家与建筑家十指紧扣，成就了一次企业与文化的成功联姻，一次企业与教育的无间合作。今天这次联手，一定能开创中国传统建筑研究与普及的新局面！

朱文一

清华大学建筑学院　院长
2009年1月22日凌晨于清华园

前　言

　　建筑，除个别如纪念碑之类的以外，都具有物质与精神的双重功能。建筑为人们生活、工作、娱乐等提供了不同的活动场所，这是它的物质功能；建筑又都是形态相异的实体，它以不同的造型引起人们的注视，从而产生出各种感受，这是它的精神功能。

　　中国古代建筑具有悠久的历史，它采用木结构，用众多的单体建筑组合成群，为宫廷、宗教、陵墓、游乐、居住提供了不同的场所，同时它们的形象又表现出各类建筑主人不同的精神需求。宫殿建筑的宏伟、宗教寺庙的神秘、陵墓的肃穆、文人园林的宁静、住宅表现出居住者不同的人生理念，这些不同的建筑组成为中国古代建筑多彩的画卷。

　　建筑也是一种造型艺术，但它与绘画、雕塑不同，建筑的形象必须在满足物质功能的前提下，应用合适的材料与结构方式组成其基本的造型。它不能像绘画、雕塑那样用笔墨、油彩在画布、纸张上任意涂抹；不能像雕塑家那样对石料、木料、泥土任意雕琢和塑造。它也不能像绘画、雕塑那样绘制、塑造出具体的人物、动植物、器物的形象以及带有情节性的场景。建筑只能应用它们的形象和组成的环境表现出一种比较抽象的气氛与感受，宏伟或平和、神秘或亲切、肃穆或活泼、喧闹或寂静。但是这种气氛与感受往往不能满足要求。封建帝王要他们的皇宫、皇陵、皇园不仅具有宏伟的气势，而且要表现出封建王朝的一统天下，长治久安和帝王无上的权力与威慑力。文人要自己的宅园不仅有自然山水景观，还要表现出超凡脱俗的意境。佛寺道观不仅要有一个远离尘世的环境，还要表现出佛国世界的繁华与道教的天人合一境界。住宅不仅要有宁静与私密性，而且还要表现出宅主对福、禄、寿、喜的人生祈望。而所有这些精神上的要求只能通过建筑上的装饰来表达。这里包括把建筑上的构件加工为具有象征意义的形象、建筑的色彩处理，以及把绘画、雕塑用在建筑上等等方法。在这里装饰成了建筑精神功能重要的表现手段，装饰极大地增添了建筑艺术的表现力。

中国古代建筑在长达数千年的发展中，创造了无数辉煌的宫殿、灿烂的寺庙、秀丽的园林与千姿百态的住宅，而在这些建筑的创造中，装饰无疑起到十分重要的作用。这些装饰不仅形式多样，而且具有丰富的人文内涵，从而使装饰艺术成为中国古代建筑中很重要的一部分。1998年和1999年，我分别编著了《中国传统建筑装饰》与《中国建筑艺术全集·装修与装饰》，这是两部介绍与论述中国古代建筑装饰的专著，但前者所依据的材料不够全，而后者文字仅三万余字，所以论述都不够细致与全面。2004年以后，又陆续编著了《雕梁画栋》、《户牖之美》、《雕塑之艺》、《千门万户》和《乡土建筑装饰艺术》，但这些都局限于介绍乡土建筑上的装饰。经过近十年的调查与收集，有关装饰的实例见得比较多了，资料也比以前丰富了，在这个基础上，现在又编著了这部《中国古代建筑装饰五书》。

介绍与论述中国古建筑的装饰可以用多种分类的办法：一是按装饰所在的部位，例如房屋的结构梁架、屋顶、房屋的门与窗、房屋的墙体、台基等等，在这些部分可以说无处不存在着装饰。另一种是按装饰所用材料与技法区分，主要有石雕、砖雕、木雕、泥灰塑、琉璃、油漆彩绘等。现在的五书是综合以上两种方法将装饰分为五大部分，即：（一）《雕梁画栋》论述房屋木结构部分的装饰。包括柱子、梁枋、柁墩、瓜柱、天花、藻井、檩、椽、雀替、梁托、斗栱、撑栱、牛腿等部分。（二）《千门之美》论述各类门上的装饰。包括城门、宫门、庙堂门、宅第门、大门装饰等部分。（三）《户牖之艺》论述房屋门窗的装饰。包括门窗发展、宫殿门窗、寺庙门窗、住宅门窗、园林门窗、各类门窗比较等部分。（四）《砖雕石刻》论述房屋砖、石部分的装饰。包括砖石装饰内容及技法、屋顶的装饰、墙体、栏杆与影壁、柱础、基座、石碑、砖塔等部分。（五）《装饰之道》论述装饰的发展与规律。包括装饰起源与发展、装饰的表现手法、装饰的民族传统、地域特征与时代特征等。

　　建筑文化是传统文化的一部分，为了宣扬与普及优秀的民族传统文化，本书的论述既不失专业性又兼顾普及性，所以多以建筑装饰实例为基础，综合分析它们的形态和论述它们所表现的人文内涵。随着经济的快速发展，中国必然会出现文化建设的高潮，各地的古代建筑文化越来越受到各界的关注。新的一次全国文物大普查，各地区又发现了一大批有价值的文物建筑，作为建筑文化重要标志的建筑装饰更加显露出多彩的面貌，相比之下，这部装饰五书所介绍的只是一个小部分，有的内容例如琉璃、油漆彩画就没有包括进去。十多年以前，我在《中国传统建筑装饰》一书的后记里写道："祖先为我们留下了建筑装饰无比丰富的遗产，我们有责任去发掘、整理，并使之发扬光大。建筑装饰美学也是一件十分重要而又有兴味的工作，值得我们去继续探讨。我愿与国内外学者共同努力。"现在，我仍然抱着这种心情继续努力学习和探索。

楼庆西

2010年12月于清华园

目　录

概　述

　　装饰之道是指装饰的学说、规律，装饰的方法、技艺。在这里，首先需要对装饰做一个定义，在《辞海》中的"装饰"条文说："修饰；打扮。《后汉书·梁鸿传》：'女（孟光）求作布衣麻屦、织作筐缉绩之具。及嫁，始以装饰入门。'"在《简明不列颠百科全书》的"装饰艺术"条文中说："指各种能够使人赏心悦目而不一定表达理想或观点，不要求产生审美联想的视觉艺术，一般还有实用功能。陶瓷制品、玻璃器皿、宝石、家具、纺织品、服装设计和室内设计，一般被认为是装饰艺术的主要形式。"这是指广义的装饰而言，我们所研究和论述的是建筑装饰，而且还只是中国古代建筑的装饰。

　　纵观中国古代建筑，它们在世界建筑发展历史中因为具有鲜明的特征而自成体系。这种特征主要表现在中国古代建筑采用的是木结构，因而形成了与木结构相适应的平面与外观形式；中国古建筑多由单幢房屋组成为院落式的建筑群体，从普通的住宅到寺庙、宫殿莫不如此；中国古建筑具有丰富多彩的艺术形象，从建筑群体的空间形态、建筑个体的外观到建筑各部分的造型处理等方面，都创造和积累了丰富的经验。而建筑装饰在这些特征的形成中都起着重要的作用。中国古代的工匠在长期的实践中利用木结构的特点创造出庑殿、歇山、悬山、硬山和单檐、重檐等不同形式的屋顶；还在屋顶上塑造出鸱吻、走兽、宝顶等众多的艺术形象。工匠又在普通规则的门窗上制造出千姿百态的花纹式样，还对简单的梁枋、石台基、栏杆进行了巧妙的艺术加工，他们正是应用这些装饰美化了各类建筑，使中国古代建筑极大地增添了艺术表现力。

　　有关以上的这些装饰内容，在本丛书的《千门之美》、《户牖之艺》、《雕梁画栋》、《砖雕石刻》四部专著中已经作了介绍与论述。现在需要把这些内容加以梳理、归纳、分析，以便从中整理出它们所具有的一些建筑装饰的共性，例如中国古建筑装饰的起源与发展，中国古建筑装饰的表现方法与技艺，中国古建筑装饰的地域性、民族性特征，等等。如果能够将这些问题梳理清楚，则使我们能够进一步认识中国古建筑装饰之精粹，这就是这部《装饰之道》所要说的内容。为了使读者更具体、更清楚地理解这些内容，文中列举的装饰图片和解释不免与前面几部专著有少量重复。

第一章

建筑装饰的起源与发展

英国《简明不列颠百科全书》的"装饰艺术"条目中特别提到陶瓷制品和服装来说明装饰。陶瓷制品与服装都是人类生活中不可缺少的日用品，打开一部中国历史，早在数千年之前就有了早期的油灯：圆形的盛油灯盘下，一件是一只展翅的飞鸟头顶灯盘，另一件是一个人双手抱着一根圆柱顶着灯盘。在这里，把灯盘下面的支座做成为飞鸟与人物，不仅具有丰富的形象，还可能含有古人的某种理念。商、周时期，中国有了铜器，在一件西周时期的罍上可以看到，工匠把罍盖上的钮做成为一只蹲着的兽，罍身的两边的耳也做了兽头装饰。在其他铜器上也见到，工匠常把铜器上这些盖钮、身耳等有功能作用的部件进行了装饰处理。同样的现象也出现在服装上。古代中国服装，绝大多数都有纽扣，早期都用布条编成纽与扣缝在衣襟的两边，而在古代妇女多把这些纽扣编成各式花样，使它们不仅能扣住衣襟，而且还具有美的外观。后来出现了用牛角等制作的扣子，直到现在的用玻璃、化学制品做的各式扣子，它们不仅有大小、厚薄的区别以适应各式服装的需要，而且还有样式、色彩、质感的不同。过去妇女自己为儿女做衣服，母亲带着女儿去商店挑选好看的、自己喜欢的纽扣成了女儿长大后美好的回忆。可见这些纽扣不仅

鸟座油灯

人座油灯

龙虎尊

蟠龙盖罍

鸟盖扁盉

实用而且还具有美的形式，起到装饰服装的作用。通过以上的举例，可以看到这样一种现象，在诸类生活用品中，工匠都对这些用品上的某一部件进行了程度不同的加工，从而使这些具有物质功能的部件同时具有了美观的形式，起到了装饰的作用。

建筑，除了少数特殊类型如纪念碑之类的以外，都是具有实用功能的构筑物，它们都以自身的空间供人们生活、工作各方面使用，在这一点上可以说和陶瓷器、服装具有相同的性质。那么，在建筑上的装饰是怎样产生的呢？它们与日常器物和服装的装饰是否有同样的发生过程呢？现在特别选择建筑屋顶这一部分为例，去观察屋顶上各种装饰的产生与发展的过程。

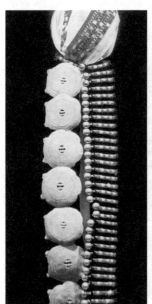

服饰纽扣

瑞士木屋

屋顶整体造型

　　木结构组成的坡形屋顶，体量都比较大，在欧洲各地的木结构住宅，它们的屋顶部分高度有的达到屋身高度的两倍甚至三倍，不过这些高大的屋顶空间都成为能够使用的房间。而在中国，古代的工匠是怎样处理这些体量硕大的屋顶呢？

　　（一）在长期的实践中创造了多种屋顶形式。这里有简单的两坡的屋顶，其中又有屋顶左右两头与山墙相连和挑出山墙之外的两种不同作法，前者称"硬山"，后者称"悬山"。有四面坡的"庑殿"顶。还有一种较为复杂的"歇山"顶，它的形式是悬山顶和庑殿顶上下重叠而成。硬山、悬山、歇山、庑殿成了屋顶中最基本和最常见的四种形式，而且其中的歇山和庑殿屋顶还有单层檐和双重檐即单檐与重檐之分。在使用过程中，这四种屋顶形成了等级的差别，即凡属重要的建筑，例如宫殿、寺庙主要殿堂多用庑殿和歇山顶；一般性建筑、如寺庙次要建筑、百姓住房多用悬山和硬山屋顶。

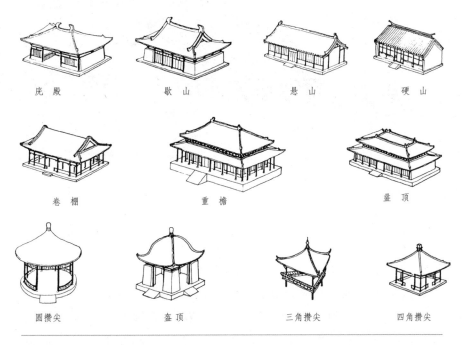

庑殿　　　　　歇山　　　　　悬山　　　　　硬山

卷棚　　　　　　重檐　　　　　　盝顶

圆攒尖　　　　　盔顶　　　　三角攒尖　　　四角攒尖

各种屋顶形式的建筑
（上）重檐庑殿（下）重檐歇山

　　除这四种基本屋顶的形式外，常见的还有攒尖顶，适用于平面呈正方形、正多边形和圆形的建筑，它们的屋顶用多面的坡形向中心举高，最后集中于尖端，故称"攒（积累意）"尖顶。在陕西、西藏等干旱少雨地区的建筑也有用平屋顶的，而在北方黄土地带的窑洞则为半圆形的拱形屋顶。在新疆地区的伊斯兰教清真寺的礼拜殿上多用砖筑的圆

各种屋顶形式的建筑
（上）悬山（下）硬山

形拱顶。内蒙古与新疆游牧地区则采用毡包，而毡包也是圆形的屋顶。

　　这多种屋顶的形式都是古代工匠在实践中的创造，这里除了因为材料、结构的因素产生的屋顶形式，如土窑洞、毡包之外，其他形式都同属木结构并且是通过工匠之手创造出来的，它们具有不同的外貌特征，也都有不同程度的形式之美。所以也可以讲，这

各种屋顶形式的建筑
（上）窑洞拱顶（中）方攒尖（下）八角攒尖

各种屋顶形式的建筑
（上）圆拱顶（下）毡包

河北承德普宁寺大乘阁屋顶

种对屋顶的整体加工也是一种形象的塑造，也可归于装饰之列。

随着技术的进步，这种屋顶形象的塑造也更为多样了，在一幢房屋上同时用多种形式的屋顶相组合，也可以用同一种屋顶组合成为更丰富的造型。河北承德普宁寺大乘阁的屋顶用了一大四小四面坡攒尖顶组合而成。云南西双版纳佛寺大殿把屋顶上下、左右分割为几个部分，从而使过于庞大的屋顶变得丰富多彩。北京紫禁城的四个角上各建有一座角楼，十字形的平面，屋顶由多座歇山式屋顶组合，重重屋檐，上下共有72条屋脊，它高踞城墙之上具有守卫的功能，但实际上成了紫禁城的标志。云南西双版纳乡间的果真佛寺有一座不大的经堂，也是十字形平面，顶上只用简单的悬山式屋顶上下重叠，八个面，每面十个悬山顶，共计80面山花，240条屋脊组成为一朵浓艳的花朵向世人宣扬着佛国之光。这一南一北的角楼与经堂可以说把屋顶的装饰功能发挥到极致了。

北京紫禁城角楼

云南西双版纳佛寺大殿屋顶

云南景洪景真佛寺经堂

（二）如果比较一下中国和西方木结构的大屋顶，它们同样具有高耸硕大的体量，但中国屋顶的屋面是曲面而西方屋顶是直面。这种弯曲的屋面是怎样产生和制作的，目前在学术界有如下几种看法：

古建筑曲面屋顶

1．是因为屋顶由两层重檐发展成一个大屋面而形成的。中国早期房屋皆为土墙和木制门、窗，为了保护它们免遭日晒、雨淋而受侵蚀，多在房屋前、后两面加建一道檐廊，檐廊的屋顶低于房屋屋顶而形成上下两道重檐。随着砖墙的出现和为了有利于室内的采光，这种檐廊逐步加高而使廊顶与屋顶相连，于是相连的屋面由折面而发展成为曲面。

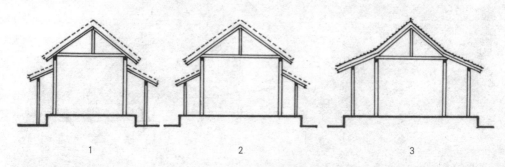

1　　　　　　　　　2　　　　　　　　　3

曲面屋顶形成示意图

2．这样的曲面形屋顶易于排水和有利于房屋的采光。《周礼·冬官考工记第六·轮人》中讲到古代车盖时说："上欲尊而宇欲卑。上尊而宇卑，则吐水疾而霤远。"又说："盖已卑，是蔽目也。"从古画上可以看到这类古时车辆的样式，车的顶盖多用席篷或者麻布之类制作，顶上比较陡，延至篷边比较平缓而向上挑起，形成为"上尊而宇卑"的曲面。这样的好处一是在下雨时可以使篷顶上的雨水排得比较远；二是不遮挡乘车人的视线。所以工匠把房屋的屋顶做得像车顶的篷一样，也是"上尊而宇卑"形的曲面以便取得同样的效果。房屋屋檐抬高，有利于从室内向外观望，并且还可以使室内多采纳光线，这是事实。至于这样的曲面可以使屋顶雨水排得更远，这在物理学上讲也是对的，如果用一粒圆珠从上陡而下平的轨道上下滑，那么这粒圆珠一定比它从直线形的轨道下滑落得更远，这是因为轨道越陡，圆珠受到地心引力越大。但是雨水并非固体而为液体，遇到下雨天，即使是倾盆大雨，满屋顶的雨水自屋顶倾泻而下，这种因"上尊而宇卑"而使雨水排得更远的视象几乎看不到。

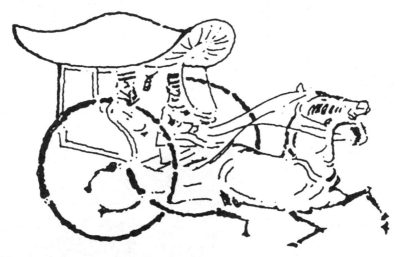

古车图

3．为了美观而创造了这种曲面。硕大的屋顶成直面，而且又不像西方大屋顶上开有成排的窗户，会显得笨拙而僵硬，而曲面屋顶会显得柔和而自然。

任何一种房屋屋顶形式的出现，都经历过一个长期的创造过程，其中包括有结构、材料、功能、美观等多方面的因素，遗憾的是古代没有留下有关创造这些曲形屋面的文字材料，但却留下了曲屋面的具体做法，这就是在宋代《营造法式》中的"举折之法"和清代《工程做法则例》中的"举架"法。由于中国幅员广阔，各地工匠还有一些祖传的地方做法。这些官定的和民间的各种做法都能够做出曲面柔和的屋顶。

（三）中国古代建筑的屋顶不但屋面是曲形的，而且在庑殿、歇山和攒尖顶的屋檐也是呈两头起翘的曲线形。这种屋角起翘的产生最初是出于结构上的原因。上面已经说过，为了保护房屋墙体与门窗免受日晒、雨淋，多把屋顶出檐挑出屋身。山西五台佛光寺大殿建于唐代，它的屋顶出檐挑出墙身近4米之远；另一座五台山的小佛殿南禅寺，柱身高度不到4米，而屋檐挑出达3米多。这样出檐深远的屋檐依靠的是架在檩木上的椽木，一层檐椽不够，在檐椽上还要加一层飞椽才能承托住上面的屋面。这样的出檐到了屋顶的四角，与屋身的距离加大，同样的檐椽与飞椽不能承受屋面的重量，所以改用尺寸较大的角梁代替椽木，角梁与椽木一样分为两层，下为老角梁，上为子角梁，它们

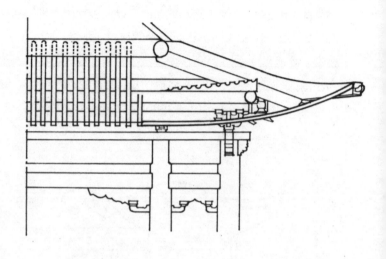

屋顶四角构造

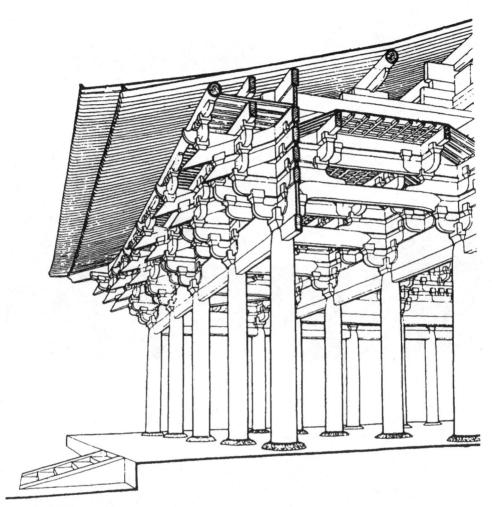

山西五台佛光寺大殿出檐图

架设在梁枋上呈45°挑出屋身承托住屋顶的四角。正因为角梁尺寸比椽子大，它们的水平位置高出于椽木，所以屋顶四周的檐边联线形成为两头高起的一条曲线，这就是曲线形的屋檐。

由于建筑类型的不同，建筑面宽的有长有短，使屋檐的曲线也呈现出不同的式样。北京紫禁城的主要宫殿，面宽都比较大，它们的屋檐基本保持水平只在两头略向上翘起。而南方的寺庙屋檐两端翘起较高，有的面宽不大的楼阁甚至整条座檐变成一条连续的曲线。这种两头起翘成曲线的屋檐使硕大的屋顶变得轻巧了，从而也美化了整座建筑的造型，于是这种原来因屋檐结构而产生的屋角起翘成为工匠有意识的追求了，他们

屋檐呈曲线的建筑

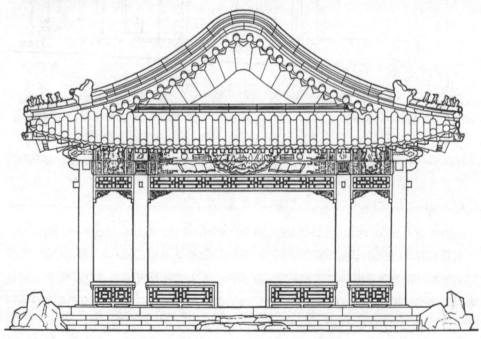

屋檐起翘平缓的建筑

屋角高翘的建筑

为了使屋顶更显轻盈，设法把屋角做得更高，做法之一是将四角的屋脊顶端向上翘起，做法之二是把老角梁背上的子角梁直立架设在老角梁的顶端，从而构成一个高高向上翘起的屋角构架。于是屋角翘起越来越高，原来因屋檐结构功能而自然形成的起翘，现在变成单纯的造型手段了。原来硕大的呆板的屋顶现在由于有了曲形的屋面、翘起的屋角，而变得柔和了。那四角高翘的屋顶好似生长出的翅膀，在蓝天中飞翔，所以古人把这样的屋顶形容为"如鸟斯革，如翚斯飞"（《诗·小雅·斯干》）。

23

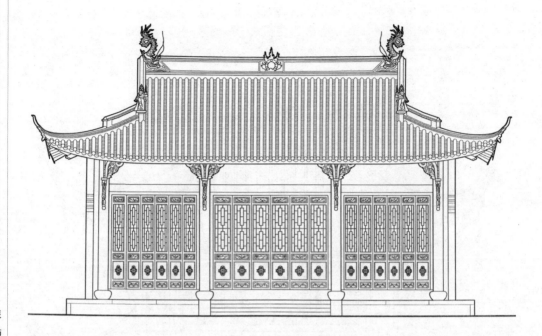

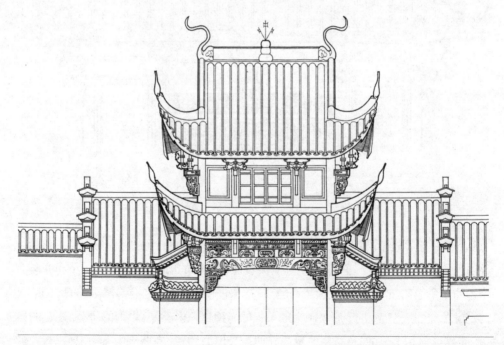

屋角高翘的建筑

屋角高翘的结构

屋角高翘的建筑：上海豫园楼阁

屋角高翘的建筑，福建福州佛寺楼阁

屋顶上的装饰

古代工匠除了对屋顶的整体形象进行塑造之外,还对屋顶上的各部分进行了装饰加工。

一、正吻与正脊

屋顶上坡形的屋面相交而成为屋脊,几条屋脊相交而汇成为一个节点。在诸条屋脊中,凡前后两屋面相交而成的屋脊因为与房屋的正面平行因此称"正脊",在正脊左右两端与其他屋脊相交汇而成的节点称"正吻"。

先看正吻,最初建筑屋顶上的正吻是什么样子,因为没有建筑遗存下来,所以不得而知。从汉代陶楼和战国时期的铜鉴上可以间接地看到当时建筑屋顶上的正吻。陶楼的正吻已经把节点放大了,但只是一个简单的几何形体,还看不出有什么含意。铜鉴上房顶的正吻已经加工成为一只张开翅膀的鸟类,在汉代的画像石的房屋顶上,也看到展翅的凤鸟停在屋脊上,这种现象使我们想到在春秋战国和秦汉时期,生活在中国大地上

河南南阳市场官寺汉墓出土画像石
刻四层楼阁(《南阳汉代画像石》)

河北孟村回族自治县王宅
1956年出土东汉陶楼(高85厘米)
(《河北省出土文物选集》)

汉代陶楼及画像石上建筑屋顶

的人群中比较广泛地存在着对鸟类的崇拜，也就是鸟类成了当时百姓心目中的图腾形象，这种形象放在显著之处以便受到人们的敬仰，有的放在高高的木柱子上，置放于聚落的中心区，被称为"图腾柱"，成为一个聚落的标志。这种图腾柱在一些少数民族的乡村中至今还能够见到。所以把这类被敬仰的凤鸟放在房屋最高处的屋脊上，自然也能起到敬仰的作用。

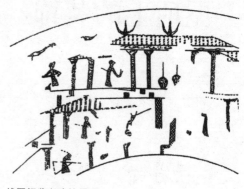

战国铜鉴上建筑屋顶

汉画像石上建筑屋顶

中国木结构的房屋有许多优点，例如木材的采集与施工方便，能够抵御像地震这样的突发力量的破坏，等等，但也存在着怕火、怕潮湿与病虫害的缺点，尤其是怕火，体量较大的宫殿、寺庙很容易受到天上雷击而导致火灾，历史上许多宫殿、庙堂都是因为被雷击而烧毁的。当时人们还不能科学地认识雷击的现象，因而也没有提出防止雷击的有效方法。西汉太初元年（前104年），柏梁台宫殿被火烧毁，据《汉纪》载："柏梁殿灾后，越巫言海中有鱼虬，尾似鸱，激浪即降雨，遂作其象于屋，以压火祥。"（见《营造法式》第二卷《总释·鸱尾》。）这自然是巫术之言，但当时的人们也只能接受这种办法。"鱼虬"为何物，古时称虬为无角之龙，龙很早就是中华民族的图腾了，尽管龙的起源众说纷纭，学术界至今没有统一的认识，但有一点是一致的，就是龙并非自然界的一种禽兽，而是古人在历史的长河中创造出来的一种神兽，早时居于水下龙宫，能够呼风唤雨，具有无比的神力。"尾似鸱"，鸱为传说中的一种怪鸟。总之这里所说的尾似鸱的鱼虬可以理解为一种包含有部分鱼形的神龙，具体的形象只能从古时的实物上寻求。但汉代的地面建筑除了少量陵墓前的石阙、石柱之外没有留下实物，如今我们能见到的早期建筑已经是唐代的了。山西五台山的佛光寺大殿建于唐大中十一年（857年），屋顶上正脊两头的正吻虽疑为后代重制，但仍保持了唐代的形制。它的形象为一只龙头，张嘴吞衔着正脊，龙头之上方为向内翻卷的龙尾，沿着龙尾的外缘有一圈鱼鳍。在四川乐山凌云寺石刻中见到中唐时期的屋顶正吻也同样是这种形象。由于唐代留存至今的实物太少，我们只能从以后宋辽时期的建筑上继续去寻找正吻的形象。山西大同华严寺薄伽教藏殿建于辽重熙七年（1038年），天津蓟县独乐寺山门建于辽统和二年（984年），这两座殿、门顶上的正吻都形象相似，都是龙头张嘴吞脊，龙尾向内翻卷，外缘有鱼鳍，整体形状较方整，与佛光寺大殿正吻不同的是正吻的表面多了些鱼鳞。薄伽教藏殿内壁藏和山西榆次永寿寺两花宫也是同时期建造的，这两处屋顶的正吻也属这类造型，只是正吻整体拉长而成瘦长形，吻身满布鱼鳞，而且向内翻搓的尾部变为鱼形了。我们从上述自唐代至宋、辽、金时期为数不多的实例中可以看到，这些屋顶上的

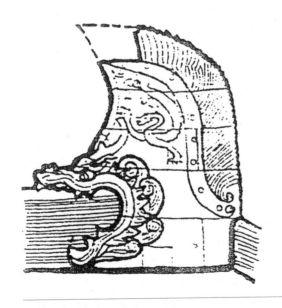

唐代建筑屋脊鸱吻
(左) 山西五台佛光寺大殿鸱吻 (右) 四川乐山凌云寺石刻中鸱吻

元、明时期鸱吻
(左) 河北曲阳北岳庙德宁殿鸱吻 (中) 四川峨眉飞来殿鸱吻 (右) 北京智化寺万佛阁鸱吻

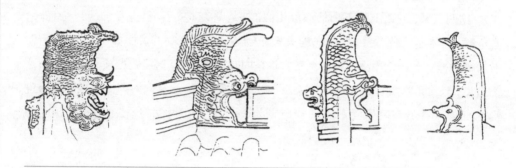

宋、辽、金时期鸱吻
(左一) 山西大同华严寺薄伽教藏殿鸱吻 (左二) 天津蓟县独乐寺山门鸱吻
(右二) 山西大同华严寺山门鸱吻 (右一) 山西榆次永寿寺雨花宫鸱吻

正吻应该是当时流行的形象，龙的头，吻身包含鱼鳍、鱼鳞和鱼尾等鱼的部分形象，这就是古代工匠所创造的"尾似鸱"的鱼虬，因此也把这样的正吻称为"鸱尾"，因为它张着嘴吻衔着屋脊，所以也称"鸱吻"，它们被置放在房屋的最高处，起着"激浪即降雨……以压火祥"的作用。

元、明、清时期留存至今的建筑很多，使我们可以见到许许多多正吻的形象，综观这时期的正吻，虽然整体造型仍由龙头与龙尾上下结合，吻身仍有鱼鳞纹，但与过去不同的是在上面的吻尾向内卷后至顶端又向外翻卷。这种正吻发展至清代，已经很成熟，北京紫禁城诸座大殿上的正吻应该是这时期的正统样式。以紫禁城最重要的太和殿为例，它的正吻外形略呈方形，依然是龙头在下，张着大嘴衔着正脊，龙尾在上，向外翻

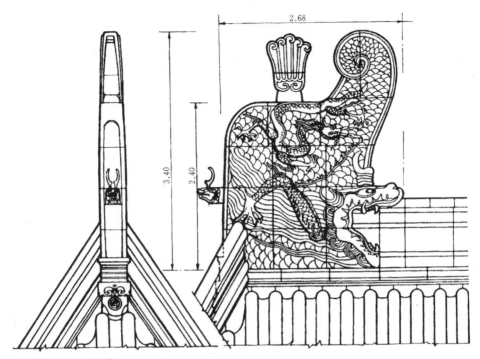

北京紫禁城太和殿正吻

卷，吻身上有鱼鳞纹。值得注意的是，吻身上除鱼鳞之外还多了一条完整的小龙，和一条龙腿的装饰，这说明这时期的正吻，龙的形象加多了，龙与早期的鱼虬相比，其神功威力当然要大得多，所以被称为龙吻。但它的形象并不是一只完整的龙体，因此在以龙象征皇帝的紫禁城，它与散布在石台基、梁枋、天花中的龙装饰相比，只能称为"龙子"，并有了"螭吻"的名称，还由于它身居屋顶，便于四方瞭望，又张嘴吞脊，所以还被赋予"好望、好吞"的特性。由于宫殿屋顶都采用琉璃瓦件，所以正吻都由琉璃瓦件拼装而成，为了加强它的整体性，都有竖向和横向的铁杆从上下、左右穿连，于是又有了套住竖向铁杆

北京紫禁城太和殿正吻

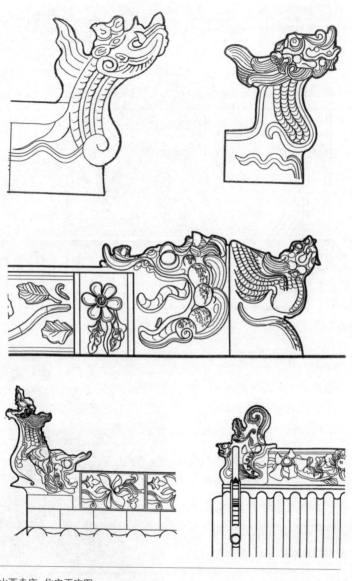

山西寺庙、住宅正吻图

的剑把和横向铁杆的背兽。在太和殿屋顶上的正吻，高达3.4米，宽2.68米，由十余块琉璃构件拼装而成，它高居屋顶，负有消免火灾之责，但自明永乐十八年 (1420年) 建成之后，第二年即被火灾烧毁，之后在明清两代又多次被火吞没，可见，这龙吻只能起到象征的作用，并不能真正清除火灾。

山西建筑屋脊正吻

以上是从历史的纵向发展来观察正吻的发展与变化，从最初的鱼虬、鸱吻到龙吻、螭吻，它们的发展经历了漫长的过程。由于明、清两代留存到现在的建筑不仅数量多，而且类型也丰富，使人们可以见到各地区、多种建筑上的正吻，因此有条件从横向上去观察这些同一时期的诸种正吻的形象。

自唐代至明、清时期的鸱吻或者螭吻，因为并非是完整龙体的形象，并不受到明、清两代朝廷禁止在非宫殿建筑上用龙纹作装饰的禁令限制，因此这种正吻形象在各地民间建筑上有广泛的影响，尤其在北方地区。山西各地的寺庙、住宅屋顶上的正吻多为这类龙头正吻，有的保持龙头在下、龙尾向外翻卷的传统形式，但有的却把龙尾也变为龙头了，有的变成龙头向上仰望天空，龙身直立于正脊之上，有的把正吻做成两只龙头背朝背相连成为一座龙头组合体。总之，在原型的基础上龙吻的形象多样化了。山西自古以来不仅砖、瓦制造业发达，而且还善烧琉璃，所以山西许多较讲究的寺庙、楼阁多用琉璃瓦屋顶，它们的正脊、正吻也由琉璃构件拼装而成，这些琉璃正吻比砖造正吻的形象更为丰富。山西介休张壁村空王殿建于明代，它的琉璃正吻也是龙头在下吞衔正脊，但是上面的龙尾已变为一条盘曲在龙头上的整体龙，龙头向上，凌空瞭望，这样的正吻已经打破了外形比较规整的正吻形象而变为不仅造型活泼，而且色彩也五彩缤纷的龙吻了。

山西介休张壁村空王殿正吻

各地寺庙龙形正吻

　　如果我们将视线转向全国各地，则可以看到更加多样的正吻。在南方一些地方的
寺庙，祠堂的殿堂屋顶上，正吻完全不用传统的龙头形象而变为一条完整的龙体，它们
有头有身有尾，或者倒立于屋脊两端，或者卷绕在屋脊两头，龙头向前作行进状，还有
两根龙须向前探出，增加了龙体的动态。在福建一座农村的家庙大门上，这种龙吻更为
活泼。龙头高仰，龙身下托着白云，龙尾翘向天空，龙足伸张，在屋脊上翩翩起舞。家庙

福建南靖农村家庙正脊

大门两重屋檐有上下两条屋脊, 共有四只龙吻, 形成四龙相对起舞的热闹物景, 表现了古代民间工匠高超的艺术创造性。

南北城乡各地, 在一些戏台、门头屋顶上常见到一种鱼形的正吻。一条造型完整的鱼, 鱼头朝下, 尾朝上倒立在正脊两端, 有的鱼嘴大张吞衔着正脊, 有的嘴微开, 叼着正脊的两头, 鱼身满布鱼鳞, 鱼尾鳍左右分张, 仿佛鱼身在水中游动, 形态十分生动。当地

鳌鱼正吻
(上) 重庆会馆门头 (下) 广东祠堂屋脊

鳌鱼正吻: 安徽住宅门头

把这种鱼称为"鳌鱼",传说鳌为海中大龟,龟属水中动物,早有神圣之意,同时也能够起到消灾灭火的象征作用。在一般建筑上,这种鳌鱼皆为砖制,但在较为讲究的祠堂上也有用琉璃烧制的鳌鱼。广东东莞农村的祠堂顶上,用黄、绿二色烧制的琉璃鳌鱼倒立在正脊两头,嘴微张,两眼圆睁,嘴角还生出两根鱼须,模样很神气。

在广东地区的寺庙、祠堂屋顶上还见到一种回纹状的正吻,即在正脊两端正吻的位置上用高出正脊的回纹作装饰,当地称它们为"夔纹"。在《山海经·大荒东经》中记:"有兽,状如牛,苍身而无角,一足,名曰夔。"夔纹早期见于商代的青铜器上,它的形象是头不大,其身曲折如回纹,工匠已经将它简化和图案化,看不出"状如牛,苍身而无角,一足"了。古人也有把夔归入龙类,称其为"夔龙",所以夔属于具有神圣意义的兽类。粤人自古崇蛇,以蛇、龙为图腾,所以常以夔纹作装饰,因为它不但具有象征意义,而且夔纹曲折自由,适合用于各种形状的构件上。在广东有用夔纹作梁架的,现在也用在屋脊上,它可以自身组合,也可以与元宝等其他器物相组合,放在正脊两端成为一种特殊的正吻形象。

广东东莞南社村祠堂夔纹正吻

　　以上说的是正吻。正吻所在的正脊装饰在《砖雕石刻》的专著里已经作过介绍。它们有简单的只用烧制的花砖拼接而成的花脊；有在脊中央添加龙体、房屋、佛塔等类装饰的；有在正脊上满布装饰的。但这些都是用砖构件或者用泥塑制成的。在各地建筑的琉璃瓦顶上则可以见到更为多彩的正脊。

山西介休张壁村空王殿屋脊

　　上面介绍的山西张壁村空王殿屋顶上的琉璃龙形正吻，就在正吻之间有一条同样为琉璃烧制而成的正脊。脊中央立有一座两层楼阁，阁左右各立一字牌，字牌两侧又有一只宝瓶立于龙头上，这种由三组高耸装饰组成的形象，当地称为"三山聚顶"。在两端正吻与三山聚顶之间正脊脊身上有行龙、翔凤、翼猴与花叶组成的装饰，在它们的上面又各有四位骑在马背上的武将，他们有的举刀，有的张弓，往来奔驰于屋脊上，显得十分神勇。整条正脊由黄、蓝、绿、白四色琉璃构件组成，其中的蓝色为孔雀羽毛之蓝，故称"孔雀蓝"，比普通蓝色更为鲜亮，在别处很少见到，据说此种孔雀蓝的琉璃构件现在已很难烧制。这五彩缤纷的屋脊仿佛飘浮在张壁村天空中的一条彩带，成为村中一处明亮的景观。

二、垂脊与戗脊

在建筑屋顶上，除了上面介绍的正脊之外，在硬山、悬山、歇山式屋顶上还有垂脊，这是与正脊垂直相交的屋脊。在歇山、多角攒尖式的屋顶上还有斜向屋角的屋脊，称为戗脊。庑殿式屋顶为四面坡顶，所以除水平的正脊外，还有四条斜向四个角的屋斜，但是工匠仍将它们归入垂脊的范围。不论垂脊和戗脊，它们都是从上到下有一定斜度。这些屋脊都高出屋面，脊顶面用筒瓦封盖，筒瓦自上而下一块连着一块，上面筒瓦的重量依次压到下面筒瓦的身上，为了防止筒瓦下滑，必须要把最下面处于屋檐边的筒瓦加以固定。固定的办法是在筒瓦背上留出一小孔，用铁钉从小孔中把筒瓦钉在屋面下的构件上。为了保护铁钉免受雨淋，同时也避免雨雪从小孔中渗入屋面层而腐蚀下面的木构件，所以在这些铁钉子头上加盖一下"钉帽"，这就是我们在宫殿建筑琉璃瓦屋顶的屋檐口见到的那排整齐的小圆帽。处于垂脊和戗脊前端的这种钉帽经过工匠的加工逐渐变成为小兽。小兽由一个发展至多个，它们成了屋脊上的常见装饰，并且逐渐形成了固定的格式。按照清代官式建筑的做法，在垂脊和戗脊上的装饰可分为两段，位于上方占脊

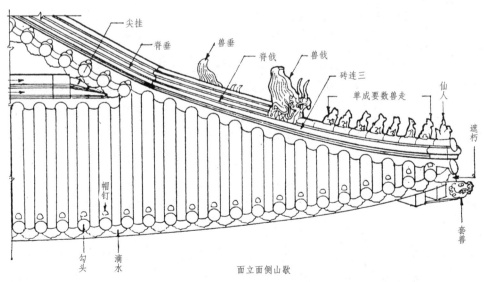

屋顶脊饰图

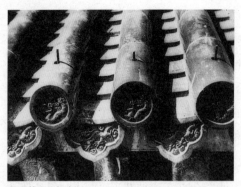

屋顶筒瓦及瓦钉

身大部分的一段只在脊身上作各种线脚装饰,而在前端安一垂兽,兽形由龙头与龙尾组成,龙尾上翘,龙头上延生出两只头角,作为脊身上段的结束。垂兽之前为脊身下段,只占脊身的小部分,这一段的脊身高度比上段降低少许,在脊背上安放小兽,由于小兽在脊上均作走动状,故称"走兽"。北京紫禁城宫殿建筑屋顶的垂脊、戗脊装饰应该是明、清时期官式做法的标准样式,现以太和殿垂脊为例以见其详。

太和殿为重檐庑殿顶,所以除水平的正脊之外,上下两层共有八条斜向的垂脊,现在可以看到每条垂脊上都有相同的装饰。脊身分上下两段,以垂兽为分界点,在垂兽之前有一排小兽作装饰。位于最前端的是一位骑在鸡上的仙人,仙人之后排列着一系列的小兽,按前后次序它们分别是龙、凤、狮、天马、海马、狻猊、押鱼、獬

豸、斗牛和行什。龙为中华民族的图腾,后来又成为封建皇帝的象征,在百兽中具有最高的神圣地位。凤即凤凰,《大戴礼·易本命》中称:"有羽之虫三百六十而凤凰为其长。"可见凤凰在飞兽中是最有地位的一种瑞鸟,后来又成了封建皇后的象征,在北京紫禁城皇帝、皇后共同居住的殿堂上可以见到龙、凤在一起的装饰。在民间也用"龙凤呈祥"来表达吉祥。狮子原产于非洲和西南亚一带,自汉代由安息国(今伊朗)传入中国后得以安居和繁殖。狮子性凶猛,俗称兽中之王,狮子在佛教中为护法狮,在中国常把它的形象放在建筑大门两侧作护门兽,它成了勇猛和力量的象征。马在百兽中与人类的关系很密切,它力大又善于长途奔跑,所以很早就被人们用于骑行、载物、拉车辆和农田耕种。在汉代墓室的画像砖与画像石上出现最多的是各种马的形象。这里脊上的天马长有两翼,能够腾飞,海马顾名思义是能在海上飞行,这当然是古人对马的一种主观愿望。狻猊是古代狮子的别称,《穆天子传》:"狻猊野马,走五百里。""狻猊,狮子,亦食虎豹。"所以,狻猊是一种十分凶猛的兽类。押鱼是大海中的鱼,亦属一种神兽。獬豸也属神兽,《异物志》:"北荒之中有兽,名獬豸,一角,性别曲直。见人斗,触不直者。闻人争,咋不正者。"它有形象上的特点,就是有一只独

北京紫禁城太和殿垂脊走兽

角，因为能够区别是非曲直，主张正义，所以古代朝廷司法官按察使的官服上绣有獬豸的图像，直至今日，在各地法院和大学法学院门前也有獬豸的石雕像。斗牛为天上星座二十八宿中北方的斗宿和牛宿。行什为猴，猴本为山林中兽，通人性，受人喜爱。明代吴承恩一部《西游记》讲的是唐僧远行去西天取佛经的神话故事，其中唐僧的侍者孙悟空形象如猴，他侍卫唐僧一路斩妖伏魔，扶正祛邪，神通广大，成了妇幼皆知的人物，并且孙悟空与猴，人与兽结为一体成了"孙猴"。古人将猴子人性化了，所以脊上行什也是亦人亦猴的形象。

在这里需要说明一点：在紫禁城的其他重要的殿堂如保和殿、乾清宫、皇极殿的屋脊上也都能看见这样的小兽系列，所不同的是在仙人之后只有从龙到斗牛九个小兽而没有最后面的行什。为什么用九个小兽，其中原因在前面的有关专著中已有说明，这与古人对客观世界的认识有关。古人认为世上万物皆分阴阳：男性为阳，女性为阴；天为阳，地为阴；数字中单数为阳，双数为阴，如此等等。帝王属阳，在他所使用的宫殿上自然应该用阳性数字中最大的数即"九"来装饰，这种装饰并非直接用"九"字的形象而是采用九个装饰，于是供皇帝上下台基的御道上雕有九条龙，在宫殿前的大影壁上有九条琉璃烧制的龙，在宫殿大门上有九行和九列共计八十一枚门钉等等。所以在重要的大

紫禁城建筑脊上小兽装饰

殿垂脊、戗脊上也出现了九个小兽，前面有一位骑在鸡上的仙人带领，合称为仙人走兽。但是在次要一点的殿堂上如前朝三大殿中间的中和殿、后宫的交泰殿则只用了排列在前面的七个小兽。在更低一层次的厅堂、配殿上则用前面的五个小兽，以此类推，在御花园的小亭上只用三个小兽，在一些院墙门的屋顶脊上只剩下一个龙兽了。由此可见用九个小兽是这类脊上装饰的最高等级。但是用这种最高等级装饰的宫殿不止一座，在多座重要的宫殿中，太和殿无疑更为突出，因为它是皇帝举行登基、完婚等重要大礼的场所，它比保和殿、乾清宫等处更显重要，它除了在大殿的开间、面宽、高度等方面表现出这种区别之外，也在屋顶的装饰上表现出来，于是出现了在九个小兽之后特别加了一个猴，因为它排列在第十位，故称"行什"。这样的处理既不破坏"九"个装饰的规矩，又突出了太和殿的与众不同。仙人领头、九个小兽后面又加了一个压队的行什这样的脊上装饰，在紫禁城，甚至在各处宫殿建筑上成了孤例。

在前面介绍屋顶的整体造型中已经看到了屋顶四个角起翘的不同处理，有的平缓，有的高翘，所以在这些不同的脊上装饰也出现了多种多样的形式。

在许多地方的寺庙、园林殿堂的屋脊上都见到这类小兽的装饰，但是与官式做法不同的是：小兽的种类和个数都有变化，除了传统的龙、凤、狮子等外，也出现了马、象、羊，它们或蹲立、或趴伏在屋脊上，个数也没有一定之规。在云南西双版纳南传佛寺的佛殿屋脊上，在脊前端领头的是一只公鸡，正昂头打鸣，在它后面却是一排形似小兽而实际是卷草形的装饰。

更有许多殿堂的屋脊上不用小兽作装饰。其中有简单的是在脊背上用花砖拼联成的长条形装饰；有用回纹与植物花叶组成的条状装饰；也有用龙体趴伏在脊上，甚至双龙在脊上相对戏珠的。在四川成都一座佛寺的大殿屋顶上见到一种特殊的装饰，在一条戗脊上排列着时钟、画屏、笔筒、烟袋、香炉、茶杯、盆景等等，一件紧挨着一件，仿佛是一位家境殷实的主人将自己住宅堂屋中央条案上陈列的器物全搬到屋脊上来了。

观察房屋垂脊、戗脊上的装饰还要特别注意南方建筑的屋脊，因为南方许多寺庙、园林建筑的这类屋脊都翘得很高，脊端高昂直冲青天，所以出现了多种多样的屋脊尖端的处理手法。

凡是这种高翘的屋脊都是先把屋角的子角梁竖立在老角梁的前端而形成高翘的木构架，然后把屋角上的脊身沿着这翘起的构架举上天空，使屋角几乎垂直于地面。在这类垂直戗脊的前端习惯用的小兽装饰在这样的翘脊上比较少见到了，它的装饰表现在

各地寺庙建筑脊上小兽装饰

云南西双版纳佛寺屋脊装饰

四川各地建筑屋顶脊饰
（上）花砖脊饰（下）回纹卷草脊饰

四川各地建筑屋顶脊饰
（上）卧龙脊饰（下）器物脊饰

翘脊前端本身的造型和脊尖端的处理上。脊身的造型多用简单的线角使它不显得笨拙，而脊尖端的处理却变化无常。最简单的只用小个瓦件，前端弯折如同一个瓦当；有的用卷草组成尖状纹样；有的用一条鳌鱼，鱼嘴叼衔着脊头，鱼尾翘上天空，凌空而立，极富动态；更有的将脊尖作成仙鹤，一只仙鹤站立在戗脊顶端，伸着长脖尖嘴直指天空。在我国南方许多地方都可以见到这种高翘的屋角，在寺庙的殿堂、园林的楼阁、亭榭、祠堂的戏台、会馆的门楼上，硕大的屋顶由于有了这些高翘的屋角而变得轻盈了，它们像飞鸟的翅膀，在天空中舞动，使整座建筑都显得生动起来。

四川自贡寺庙屋顶翘角

卷草装饰的翘角

瓦件装饰的翘角

仙鹤装饰的翘角

鳌鱼装饰的翘角

贵州贵阳寺庙楼阁

上海豫园戏台

三、屋面装饰

中国古代自西周时期开始用瓦作屋面之后，屋面用瓦出现了青瓦与琉璃两种，琉璃瓦用在重要的、讲究的建筑屋顶上，大多数建筑都是采用青瓦。

青瓦即陶瓦，用泥土烧制而成，因为大多数陶瓦皆为青灰色，故称青瓦。瓦分两种形状，一为扁平弧形称板瓦，一为半圆筒形称筒瓦。铺设时有几种做法：一为筒瓦屋顶，即把板瓦仰面成行铺设在屋面上，一块压一块，两行之间稍留空隙，在两行之间铺盖筒瓦，雨水由两行筒瓦之间的板瓦面上排泻而下。二为合瓦屋顶，即在成行板瓦的间缝上不用筒瓦而用板瓦凸面朝上扣覆在底瓦上，组成完全由板瓦覆盖的屋面。三为平搓瓦屋顶，即由板瓦仰面成行铺设但在两行之间紧紧相连而不留空隙，在两行板瓦接缝处用泥灰填实以防止漏水。这种做法总体用瓦数量少，屋面重量减轻，减少了屋顶木结构的承重，多用在气候干燥的地区。

琉璃瓦顶都用的是筒瓦顶，即用板形和筒形琉璃瓦铺设而成。不论是青瓦还是琉璃瓦都需要工匠仔细地铺设，上下必须有一定范围的重叠，行间距离必须均匀，为了防止瓦件的下落和被风掀动，还需要在檐口瓦体上设瓦钉和在瓦面上有间距的压砖块。经过仔细施工，使屋面呈现出一行行整齐的瓦垄、一排排有序的瓦钉和压瓦砖，这种整齐与有序使人视觉上有一种秩序感，从而形成为一种具有装饰性的形式之美。

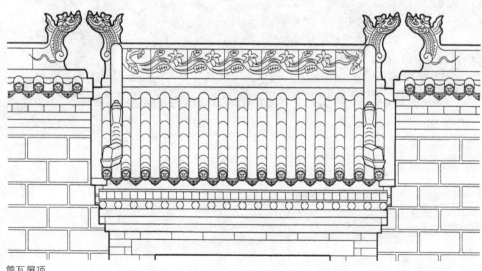

筒瓦屋顶

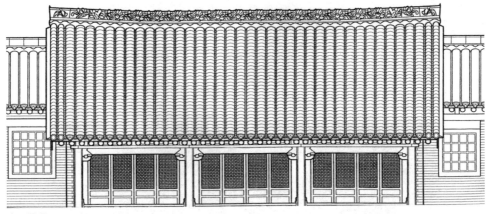

合瓦屋顶

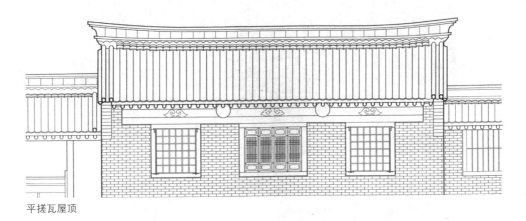

平搓瓦屋顶

　　当然在建筑屋面上不仅只有这一种形式之美，在西南地区的一些殿堂上还见到屋面出现一些人物、动物、植物形象的装饰。这种装饰的出现不是偶然的。在前面介绍屋顶正脊的装饰时说到在一些寺庙殿堂正脊的中央喜欢加一些装饰，例如双龙戏珠、佛塔、楼阁等等，这些单体的或者组合的形体有的比较高大，它们竖立在狭窄的屋脊上很不稳固，经不住风吹或外力的作用而倒塌，所以必须用铁链子在前后两面加以固定。这类铁链一头拴在装饰体的上方，一头用铁钉固定在屋面上，为了遮挡铁钉头，就像用钉帽盖套屋檐筒瓦上的铁钉一样，在这里用了人物、动物或植物形象放在这些铁钉上，这就是我们在屋面上见到的装饰。一根铁链产生一处位于屋面中央的装饰，如果用了两根铁链,则在屋面上产生左右两处装饰。如果单从功能上讲,这种遮挡钉头的装饰只需很小的一个动物就够用了,在一些屋面上也确能见到这样的装饰,一头狮子或者一头象站立在屋面上。但是它们既成为一种装饰,为了表达更多的内容,则在工匠手中越做越复杂了。有的是一位手持武器的武将;有的是一组山石景观;有的发展成为由人物、房屋

　瓦屋顶形式之美

组成的戏曲场景，它们都用泥塑或者由陶土烧制而成。还有的把这种组合的装饰置放在屋顶垂脊顶端的屋面上，它们完全与拴住屋脊装饰的铁链子功能无关而变为一种纯装饰性的部件了。在这里，屋面成为一个舞台，这些文臣、武将在这座舞台上献艺，使得中国建筑的屋顶更显出一种特有的神韵。

屋顶瓦面上单体装饰

屋顶瓦面上组合装饰

屋顶瓦面上装饰

山西晋商大院青灰瓦顶

四、屋面色彩

　　屋面铺着瓦，而瓦本身是有色彩的。同样用泥土烧制出来的陶瓦，由于各地土质与烧制工艺的区别而会呈现出不同的颜色，除了大多数地区皆为青灰色的青瓦之外，还有福建地区的棕色瓦和广东地区的红色瓦。

　　具有多种色彩的是琉璃瓦。琉璃瓦也是用泥土制成坯，然后在表面上涂以不同成分的釉，进窑经高温烧制后，瓦的表面不但带有一层质坚而光滑的釉，而且还会呈现出红、黄、绿、蓝、白、黑等不同的颜色。北京紫禁城宫殿建筑是用琉璃瓦最多最集中的地方，在这座有16万多平方米的建筑群屋顶上几乎全部使用琉璃瓦，而且除个别建筑之外，都用的是黄色琉璃瓦。在中国古代，红、黄、青、黑、白被认为是五种基本色彩，它们与天地中的五个方位相对应，其中黄色居中，它是土地之色，在农耕社会，以土地为本，所以黄色被认为是正宗之色，最美之色，所以在宫殿屋顶上用黄色琉璃瓦自然带有神圣、威严的象征意义。紫禁城内有一处文渊阁是专门储存图书供皇帝阅读之用的宫殿，它的屋顶用了黑色琉璃瓦，并且在四边屋檐处用了一圈绿琉璃瓦。这种做法称为"绿瓦

北京紫禁城宫殿屋顶

辽宁沈阳故宫文溯阁屋顶

北京紫禁城御花园亭子屋顶

剪边"。按阴阳五行学说，黑色为北方之色，而代表北方的神兽为玄武，即龟，龟为水生动物，水能灭火，藏书之殿当然最怕火灾，所以用黑色之瓦具有以水克火的象征意义。在辽宁沈阳的清代早期故宫中也有一座藏书的文溯阁，在屋顶上也同样的是黑琉璃瓦绿剪边。在紫禁城的御花园里，有几座亭子顶上见到的是绿琉璃瓦黄剪边。走出紫禁城到皇家园林颐和园，在万寿山中轴线上的佛香阁上下几层屋顶上用的都是黄琉璃瓦绿剪边。在这里，可以说黄色象征帝王宫殿，而大地植物的绿色象征着园林环境，所以黄、绿二色的屋顶用在皇家园林的建筑上。在以礼治国的封建社会，一切都有高低尊卑的等级之分，黄琉璃瓦成帝王宫殿专用之瓦，清代朝廷还制定了非宫殿建筑不许用黄琉璃瓦的禁令，所以在北京，从王府到一般百姓的住屋上是见不到用黄琉璃瓦的，在规模较大的王府主要厅堂上能够用绿琉璃瓦或者剪边就算是十分高贵了。

但是这种用琉璃瓦的禁令在远离都城北京的各地区却得不到严格的遵守。在各地城市、乡村的一些寺庙、祠堂、会馆等公共性建筑的屋顶上都能见到用各种颜色的琉璃瓦。它们有用绿琉璃瓦黄剪边的，有用黄琉璃瓦绿剪边的，甚至全部使用黄琉璃瓦的。但更多的是用各种颜色的琉璃瓦在屋面上组成彩色的花纹。在盛产琉璃砖瓦的山西

北京颐和园佛香阁屋顶

四川自贡寺庙黄琉璃瓦屋顶

各地建筑琉璃瓦剪边屋顶

各地建筑琉璃瓦剪边屋顶

山西平遥建筑琉璃瓦屋顶

省,在平遥、介休等地的寺庙、楼阁上都能见到这样的多彩屋面,常见的多用黄、绿、蓝几种色彩的琉璃瓦组成棱形、三角形和套方等几何形状,它们与琉璃的屋脊、吻兽组成一座座绚丽的屋顶,高踞于四周平房之上,成为城市一道美丽的景观和各具特征的城市标志。

以上介绍了建筑的屋顶从整体形象到局部构件的装饰处理,现在有条件来梳理一下,综观这些装饰的产生与发展是否可以看到它们所具有的共同规律呢?从屋顶四角的起翘、正吻、正脊到垂脊、戗脊和屋面上的装饰看,都可以发现这些装饰最初都是对屋顶上的某一种构件进行了美的加工而产生的,之后为了增加建筑的艺术表现力,将这些构件制作成为具有某种人文内涵的形象,在工匠不断的实践中,这种形象由简单到复杂,由个体到组合逐渐发展成为单纯的装饰构件。屋顶正脊两端的正吻是数条屋脊的交汇节点,工匠最初只是把这个节点用泥沙、瓦件加以封盖,保持外观的完整;之后又把古人所熟悉、所崇仰的图腾形象安置在这里;随后又把具有灭火消灾象征意义的鸱尾安于其上;这种鸱尾逐渐发展变化成为龙吻、鳌鱼、神龙等形象。垂脊、戗脊上小兽的出现也是这样,原为固定筒瓦的钉帽,圆形的钉帽只有完整的形象而不具有人文内容,也是为了增加建筑的表现力而由钉帽变成了小兽。垂脊、戗脊上的筒瓦由于数量少,后来不需要铁钉固定而用泥灰粘合在屋脊上,这种小兽就和筒瓦连在一起成为一种装饰性的筒瓦了。小兽由一具到多个,由单一的兽类到多种兽类的系列,并且由兽类而发展到用植物、器物等形象,它们所象征的意义也是越来越丰富了。屋面上的装饰原来像筒瓦钉帽一样,也是铁钉子头的一种保护与遮挡构件,这种构件美化成人物或动物,并且由单体发展到组合体,最后发展到脱离开原有的物质功能而变成一种单纯的装饰构件出现在屋面上。

为了说明这种装饰发展规律的普遍性,让我们再回忆一下在《千门之美》专著中介绍的大门装饰。大门由长条木板拼合而成,所以称板门。拼合之法是在竖向木板后面放几条木条,用铁钉将它们与木板相联,铁钉的钉头在外,所以门板上出现了排列整齐的上下几行钉子头,称为门钉。大门要关闭,所以在大门板的中央需要装一门环,左右各一,它们由门环座安在门板上。这对金属制作的门环外人又可以用它叩打门板以求主人开门,所以又称"门叩",门叩敲打门板容易损坏木板,所以在门板被叩击处安一小块金属垫,它既可保护木板,又能在叩门时发出声响便于呼唤主人。主人外出需要锁门所以门板上还需要安装门闩,门闩头也容易损坏门板,因此也要在相应位置钉上一块

金属垫板。为了进一步加固木板的联结，还在门板的上下两头用条状金属片包护，称为
"包叶"。大门上所有这些构件经过工匠之手都给予美化了。门钉不但排列整齐，而且
钉子头也被敲打成同样高低大小；金属门环被做成圆形、椭圆形、讹角长方形，门环座
和包叶片上刻出"万"字、如意形花纹，门板上的垫块做成花朵形，等等。总之，这些具
有物质功能的门上构件被美化得具有装饰性了，这种装饰逐渐发展成为具有人文涵义
的形象：门环作成竹节形；门环座做成兽头，嘴中衔环；门环上的垫块成为一只蝙蝠；
包叶、垫片上刻出"寿"字、"万"字的花纹；所有这些金属构件组成为大门上的铁花装
饰。随着技术的进步，原来拼合门板的腰串木加铁钉的做法已经不需要了，门板依靠嵌
入板内的腰串木加黏合剂可以很结实地拼联在一起，使大门能够保持光洁的门板，但是
那些门钉因为有了装饰作用，所以仍保留在门板上，只是它们已经丧失了功能上的作用

板门门钉

变为门板上的纯装饰构件，当然这时的门钉已经不是铁钉子头，而是木制的圆形木块用榫卯安装在门板上。如果注意一下北京紫禁城和皇家皇林颐和园内宫殿的大门，就能够看见这些排列整齐的门钉，并且有九行九列共计八十一枚。在《千门之美》著作中已经说过，这九行九列代表着封建皇家的尊贵，也就是说，这里的门钉不仅具有整齐的形式之美，而且还有了一定的人文内涵。与门钉一样，宫殿大门上的门环也失去了原来关门、叩门的实际功能，因为作为宫殿极少需要拉门和叩门，而且宫门尺寸大，门环位置高，也不便使用，于是这些宫门上的门环也成为一种纯装饰的由兽面与门环组城的雕刻贴附在门板上。这样的红门金钉金门环，九行九列八十一枚金门钉的大门成了宫殿建筑的特用大门，成了明、清两代大门系列的最高等级，门钉在这里已经完全失去了原有功能上的意义，不但成为一种纯装饰构件，而且变为一种礼制等级的符号与标志，因此在

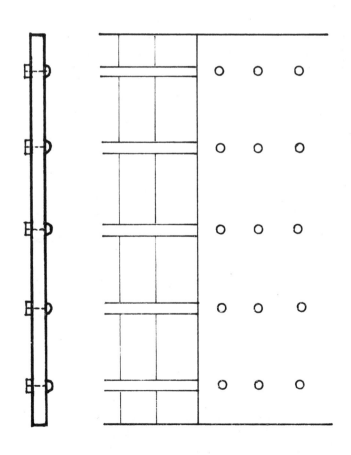

板门门钉

颐和园建筑的大门上见到这种门钉不是突出于门板上的金钉而是变为用金色画在门板上的圆圈。

同样,在普通住宅的大门上也能够看到这种变化。在山西襄汾的丁村许多住宅大门上,都可以看到门环、门环座、包叶铁片上的装饰,这里有各种兽面衔着的门环,有各式蝙蝠形的门环叩垫,在包叶上刻有花纹,它们都是既有实际功能又具有装饰性的构件,而且在门板上也出现了用铁片刻成的装饰物,如花瓶中插着三叉戟,象征着"平升三级",用"寿"字、"喜"字组成的团花等等,这些装饰完全与大门的构造无关,它们只是附加在门板上的纯粹装饰。

综合以上关于屋顶、大门上装饰的介绍与论述,可以总结出建筑装饰的一般发展规律:

房屋上有实际功能的构件——经过工匠的加工制作使它们同时具有美的形式——用人们熟悉和喜爱的物类形象装饰构件——对各种形象赋予相应的人文内涵——有的构件失去了原有的实际功能而成为纯装饰的构件——同时在房屋各部分附加纯装饰构件——装饰构件不受功能的限制而可以自由创作出多样的形象。这就是中国古代建筑装饰由产生到发展的轨迹。

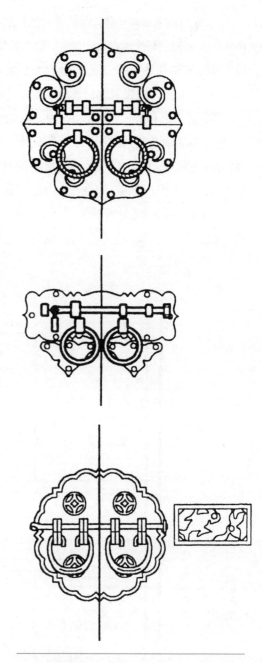

大门门环图

装饰之道

● 第一章 建筑装饰的起源与发展

第二章

建筑装饰的表现手法

当我们认识了中国古代建筑装饰的产生与发展过程之后，需要进一步去探讨古代工匠在创造这些装饰形象时是采用什么样的手法，这些手法又具有哪些特点。

象征与比拟

建筑与一般的绘画与雕塑不同，它具有物质与艺术双重功能，各种类型的建筑除了以它们的空间提供人们劳动、工作、生活、娱乐等多方面使用之外，还要以其形象供人们观赏，从中获得视觉上的美感和心灵上的感悟，这就要求建筑的形象既有外观的形态，又能表达出一定的思想内容。对于建筑而言，这种表现是受到限制的，因为建筑外部和内部空间的形体首先决定于实际功能的需要，剧院的演出与观剧、体育场的竞技、医院的求医与治病等等，直接决定了这些建筑外部与内部的形式，同时还要依据构成建筑的不同材料与结构，房屋的设计与建造者只能在这些基础上去进行建筑形象的塑造，所以建筑总体的造型不能像绘画与雕刻那样表达出某种事物的情节与场景，从而表现出一定的思想内容。建筑形象，无论是个体的还是由建筑群体所组成的空间形象

北京圆明园福海

都只能表达出一种总体的氛围，例如宫殿建筑的威严与崇伟、陵墓建筑的肃穆、园林建筑的活泼与轻盈，等等。而建筑要进一步表现出某种更为具体的思想内容则需要依靠装饰，因此可以说装饰是建筑表达其艺术性的重要手段。

从建筑装饰的起源与发展过程看，这些装饰形象的塑造与绘画、雕塑也不完全相同，即便是那些单纯的装饰构件，也由于它们毕竟都依附在建筑上而并非独立存在，所以形象的塑造还会受到限制。综观在前面几部装饰专著中所罗列的各种建筑装饰，从中可以看到，它们在表现内容上多采用象征与比拟的手法。这种象征与比拟的手法中国古已有之。在中国早期社会中，人们的一些思想与愿望多通过神话与宗教表达，采用象征与比拟的手法来表现的。两千多年以前的秦始皇想当万世之王，听术士言国之东海有神山，山上生长神草仙药，人食用后可以长生不老，神山有三，即蓬莱、方丈与瀛洲，遂派使臣率童男童女入东海采集仙药，结果当然是一去不复返。始皇求仙药不得，只好在都城咸阳引渭河之水造长池，在池中用人工堆筑蓬莱山，企求神仙降临赐送仙药。继秦始皇之后，汉武帝在长安建章宫内建造太液池，池中也堆筑了三座仙山；唐代都城长安城的大明宫内有一座后花园御苑，苑内池水中堆了一处蓬莱岛；元、明两代在北京城内的西苑北海中有琼华岛；清代在京城西北郊大建皇园，前期的圆明园中，挖出一座最大的水面福海，福海中央留出一处蓬岛瑶台；后来乾隆皇帝主持建造清漪园，在昆明湖中特别留出南湖岛、治镜阁和藻鉴堂三座岛屿。这种在湖池中堆山筑岛以求仙赐药的做法，对于一心企求长生不老的封建帝王来说只能满足他们心理上的需求，所以只具象征意义，但这种象征与比拟的做法却一直沿袭一千余年而至后世。

在人与自然的关系上也有这种象征手法。两千多年前的孔子曾说过："知者乐水，仁者乐山。"（《论语》）意思是智者乐于治世，如流水般不知穷尽；仁者像自然界高山一样，毅然不动而万物滋生。在这里，孔子将人的品格与自然山与水联系在一起。所以在以后的人工造园中，堆山与开掘水池不仅创造出人工的自然环境，而且还被赋予了思想内涵，形成了"水令人性淡，石令人近古"的象征与比拟的意义。魏晋南北朝时期，各封建王国相互并吞，战事连绵不断，士人深感世事无常，消极悲观，于是老庄学说兴起，崇尚自然，好谈玄理一时间成了文人士族的时尚，他们逃避现实，隐逸江湖，遨游于山水植物间，大自然成了文人寄托情思的环境，"采菊东篱下，悠然见南山"（《饮酒》之五）。陶渊明的《桃花源记》典型地反映了这一时期文人士大夫的心态与追求。人与自然更接近了，因而也促进了人们对自然山水与植物的观摩与描绘，一时间山水诗与画盛

北京颐和园昆明湖

行于世，它大大促进了人们对自然美的追求，也使借景抒情、托物寄兴之风衍生于文人之间。就是在这样的环境下，人们对自然的观察更为细致，对它们的领悟也更加深刻。他们通过对高山上的青松、山林中的翠竹和腊冬盛开梅花的观察与揣摩，领悟到这些植物所包含的人生哲理，于是松、竹、梅成了文人所崇尚的"岁寒三友"，植物中的高品，成为中国文人诗、画中常用的题材。松、竹、梅所具有的象征意义在连绵的中华民族文化长河中起着长久的作用。

这种象征与比拟的手法不仅用在中国古代的诗、词、书、画中，同时也广泛地用在建筑装饰里。因为建筑装饰也和诗词与书画一样，都要在有限的篇幅和画面里，通过比较简练的主题形象来表达一定的思想内涵，从而使人得到相应的感悟，所以应用象征与比拟无疑是一种比较好的手法。大量的实例告诉我们，这种象征手法表现在建筑装饰上，常见的可以归纳为形象比拟、谐音比拟、色彩比拟与数字比拟等几种不同的方式，其中有的表现得比较明白，有的则比较隐晦。

一、形象比拟

建筑在艺术类型中属于造型艺术，所以建筑是一种形象艺术，从建筑的总体造型到局部装饰都离不开形象的塑造，因而形象比拟在建筑装饰中应用最广泛。龙既为中华民族的图腾，又是封建帝王的象征，所以在宫殿建筑上，龙成了最主要的装饰主题，在民间建筑上，龙的形象则象征着神圣与吉祥。狮子性凶猛，在佛教中为护法之兽，具有威武与力量的象征意义，所以从宫殿到住宅的大门两侧都用狮子形象作为护门兽。中国古代的阴阳五行学说把天上的天宫与地上的五方地象相配联，使龙、虎、凤、龟不仅成为四种神兽，而且还成为代表世上东西南北四个方

向的神兽，即左青龙、右白虎、前朱雀、后玄武（即龟），使它们有了更为神秘的色彩。因此这四种神兽也成为建筑装饰中常见的主题。秦、汉时期即出现了分别用龙、凤、虎、龟装饰的瓦当，这四种神兽瓦成为当时宫殿专用之瓦。唐、宋、明、清四个朝代的皇城宫门也取南门为朱雀门，北门为玄武门，体现了古人"天人合一"的思想。可见这种象征和手法已经从局部装饰扩大应用到建筑群的规划与建筑物的名称上了。

植物形象的象征意义应用得更广泛。莲荷在装饰中频频出现不仅因为它有形态之美，更因莲荷所具有的思想内涵。在中国长期的封建社会里，在帝王专制统治

苍龙纹　　　　　白虎纹

夔凤纹　　　　　玄武纹

四神兽瓦当

木刻、砖雕的松、竹、梅装饰

下和混浊的世俗社会里，人要出污泥而不染，身在卑微处而保持气节，坚韧不拔，遇难而进，这些都是人们所崇尚和追求的品德，而莲荷生于淤泥而洁白自若，其根质柔而能穿坚，居下而有节的生态特征都显示了古人所倡导和崇扬的道德。松、竹、梅是植物中的高品：松刚劲挺直；竹身有节，可弯而不可折；腊冬百花凋谢，梅傲雪独放。这些植物的形态特征更象征着高尚的人格，因而都成为建筑装饰中的常用主题。

格扇门上的莲荷装饰

松鹤长寿砖雕

格扇门绦环板的装饰

在建筑装饰中，不但应用动、植物中的单体形象，而且经常将多种动、植物的形象组合在一起表现出更多的思想内容。动物中的鹤与植物中的松树和桃具有长寿的象征意义，所以在装饰中常见松树下站立仙鹤的组合画面，象征着"松鹤长寿"。有的将象征着富贵的牡丹和桃放在一起，喻意富贵长寿。在有些祠堂和讲究的住宅里，主要厅堂的格扇上一排绦环板上可以见到这类组合的装饰木雕，它们内容互不相同，组成为系列的装饰画面，既有形式之美，又表现出丰富的人文内涵。

格扇门绦环板的装饰

二、谐音比拟

在建筑装饰应用象征手法时，常借助于主题名称的同音字来表达一定的思想内容，如莲与"连"、"年"，鱼与"馀"，狮与"事"等，这种手法称为"谐音比拟"，这可能是随着中国语言文字而产生的一种特有现象。

在《砖雕石刻》专著中已经大略地介绍了鱼的象征意义，鱼除了卵生产仔多而具有多子多孙的意义之外，还见到有鱼龙并存并有一道龙门相隔的组合装饰图样。鱼龙共生水中，但龙为神兽，鱼却为凡物，古代神话传说二者之间隔着一道龙门，鱼只有通过长期修练才能跃过龙门而成为神兽，这就是"鲤鱼跳龙门"的民间神话，它比拟着凡人只有通过努力与磨练才能升入朝门，走入仕途，得以功成名就，福禄俱得。鱼除了这些象征意义之外，还借它的谐音"馀"而产生新的喻意。馀为多馀意，它与欠相对，"富富有馀"，多福多财，自然是人之所求。

狮子以其凶猛性格被广泛地使用在建筑大门两侧，在木结构的牛腿、撑拱上都能见到它的形象。但狮子又以狮与"事"谐音而组成新的装饰，在画面中两只狮子表示

鱼跳龙门砖雕

"事事如意"，狮子配以长绶带表示"好事不断"，如果再加钱纹则有"财事不断"之意。公鸡谐音"功"与"吉"，它与牡丹相配表示"功名富贵"，公鸡站在宝石上，则表示"宝上大吉"。

双狮木雕

狮子与绶带木雕

宝上大吉装饰

动物中最具谐音比拟效果的当属蝙蝠。蝙蝠为哺乳类动物，头尖两侧长有翅膀，颜色灰暗如老鼠。蝙蝠又怕见光亮，白天躲藏在黑暗处，只在夜间出来活动，寺庙殿堂的天花顶内是它喜爱的藏身之地。这种其貌不扬的动物形象为何经常出现在建筑装饰里，这全靠它的名字与"遍福"谐音，人们所追求的福、禄、寿、喜中福占首位，而且是遍

　　　蝙蝠捧寿装饰

地、遍处皆是福，当然更是人之所求。于是门板上用五只蝙蝠围着中央的"寿"字，表示"五福捧寿"；窗户条格上常用蝙蝠作菱花；梁枋上也刻出蝙蝠嘴中衔着铜钱象征福禄双喜的图像。从帝王宫殿到乡间祠堂、住宅的装饰里都能够看到它的踪迹，不过经过工匠的加工，蝙蝠的形象被美化了，有时美化得像一只展翅飞翔的蝴蝶。

蝙蝠与寿桃、佛手木雕

梁枋上蝙蝠装饰

植物中也有用谐音作装饰内容的。莲荷的谐音既有"年""连"，又有"和"、"合"，连有连续、连绵不断之意，和有和谐、聚合、团圆之意，所以莲与荷有"和合美好"意；荷叶下有游鱼则喻意"年年有馀"。

除动、植物外，有些器物也有谐音内容。装饰中常出现的瓶与盒，它们不但为文人插花、盛物的常用器物，而且还有"平"与"和"的谐音，因此出现了瓶中插四季花象征着"四季平安"，瓶中插三把戟，喻意"平升三级"，瓶中插麦穗则象征"岁岁平安"。在讲究的住宅堂屋的中央条案上，中间供奉着祖宗牌位，两旁有时放着一面镜子和一只花瓶，一个多宝盒，除了它们的实用功能外，也借着它们的谐音喻意着一家"平静"与"和平"。这条案上的镜子、花瓶与多宝盒都还不是附在建筑物上的装饰，但它们都借着谐音而表达出主人的理念。

莲荷与仙鹤装饰

三、色彩比拟

中国古代建筑的色彩，在建筑的艺术造型中起着重要的作用。宫殿建筑色彩的强烈与鲜明，江南园林建筑色彩的淡雅与平和，一些地方会馆、祠堂建筑色彩的喧杂与热闹，都具有很强的表现力，所以色彩对建筑也属一种很重要的装饰。色

瓶花装饰

瓶戟装饰

彩的装饰作用是依靠色彩本身对人视觉所产生的生理刺激和心理刺激而获得的。色彩对人的生理刺激已经为现代科学所证实，这就是鲜艳或者暗淡的色彩因其不同的波长而对人的视觉神经能够造成不同强弱的刺激，例如：黄色的反射波长，对人眼的刺激大，使人有一种扩张感；而蓝色的反射波短，对人眼刺激小，使人有一种收缩感。因而人对黄色感到鲜明、亮堂，对蓝色感到暗淡。色彩对人的心理刺激是由于各种色彩使人能够引起不同的联想而产生的。这种联想与心理反应就是色彩所具有的象征与比拟的内容。

住宅堂屋条案上摆设

　　以红色为例。人类认识红色很早，早晨初升的太阳是红色的，它意味着黑夜的过去与一天光明的到来。自燧人氏钻木取火到火的普遍应用，使原始人类从吃生兽肉到吃熟兽肉，使人类能够用泥土烧成陶器、砖瓦从而极大地提高了生活质量。尽管火与太阳有时也给人类带来灾难，但总体来看，这红色的火与太阳毕竟给人类带来温暖与光明，所以古代很早就将红色作为喜庆的颜色。男女结婚时，女方陪嫁用红色的橱柜、红色的衣被、红色的用具，新娘穿着红衣裤，盖着红盖头，坐着红花轿，浩浩荡荡行进在乡间大道上，俗称"十里红妆"。每逢春节，家家户户在大门上换上新的红门神、红对联，山西

大门上门神、对联

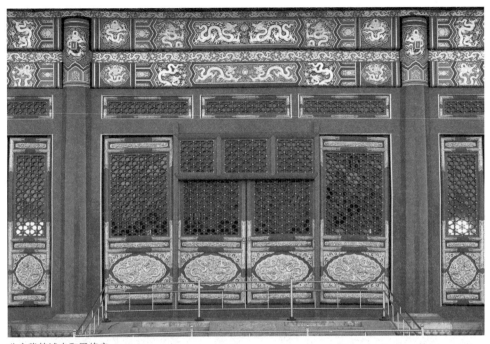

北京紫禁城太和殿格扇

的产煤地区还要在村里的道口烧一炉煤火，围坐取暖，这一切把农村打扮得一片红火，喜气洋洋。红色在中国民俗里，始终象征着喜庆与欢乐。在北京的紫禁城，我们看到的是成片的建筑都是用的红墙、红门窗，它们同样象征着吉祥与欢庆，可见在中国，这种红色象征意义应用之普遍。

黄色的象征意义前面已经说过。五色之中，黄色居中，它为土地之色，所以在诸色中，黄色为正色，最美之色。紫禁城宫殿几乎全部使用黄琉璃瓦，站在景山上俯视紫禁城，眼前是一片闪闪发光的黄色波涛。所以皇城宫殿建筑以红、黄二色为主要用色，应该不是偶然的。

明永乐皇帝把都城由南京迁至北京，在京城建造紫禁城的同时建造了太庙、社稷坛和分布于四郊的天、地、日、月四坛。帝王除了每年祭拜祖宗和土地外，祭天是最主要的大典之礼，天坛比地、日、月其他三坛面积大，建筑形制也更讲究。古人基于对宇宙的认识，提出"天圆地方"之说，天是圆的，地是方的，天空为蓝色，土地为黄色，所以天坛祭天的圆丘、皇穹宇和祭祀丰收的祈年殿平面都是圆形的，屋顶都用蓝色琉璃瓦。而地

北京天坛皇穹宇

天坛祈年殿

坛的祭坛是方形的，主要建筑用黄色琉璃瓦。位于紫禁城右侧的社稷坛有一座方形的祭坛，坛面上铺有五色之土，根据阴阳五行学说，左为蓝色，右为白色，前为红色，后为黑色，中央为黄色土地。方坛外四面有一道矮围墙，墙上也相应用蓝、白、红、黑四种颜色的琉璃镶砌，象征着四方地域皆为皇土。色彩在这里也包含了特定的象征意义了。

四、数字比拟

数字有什么象征意义，这与中国古代的阴阳五行学说有关。古人认为世界万物皆分阴与阳，人之男女，方向之上下、前后，数字之单双、正负，两者既相对立又相互联系。在人群中，男性属阳，女性属阴，下自平民上至帝王概莫能外，而数字中单数为阳，所以人群中的帝王与数字中的单数同属阳性。帝王在人群中当属"人上人"，居最高地位，而单数一、三、五、七、九中以九为最高，于是帝王与九数同处最高位，"九"具有了帝王的象征意义。上一章节中已经说到宫殿大门上九行九列共计八十一枚门钉成为皇族宫殿大门的特殊标志。紫禁城前朝最重要的太和殿前和保和殿之后都有一道专供皇帝上下台基的御道，御道上各刻有九条龙。皇极门前一道琉璃影壁，壁身上有九条彩色的龙，

北京社稷坛五色土

所以称"九龙壁"，而且整座壁身也是由30×9=270块琉璃砖拼合而成。九龙壁顶的正脊上有2×9=18条龙做装饰。一座皇宫内的影壁或明或暗地用了众多关于"九"的数字，体现出这座建筑的重要性。从这里可以看到数字装饰并不是用数字本身的形象做装饰主题，而是指用多少个同样的主题做装饰。

这种装饰中的数字比拟在北京天坛中应用得更充分。天坛既为帝王祭天之场所，天与帝王皆属阳性，所以更需要广泛地应用"九"这个数字进行装饰。帝王行祭天大礼是在圜丘，圜丘为一圆形祭台，上下共三层，最上一层即帝王行祭礼的台面，用上等石料铺面，它们的形式是中心为一块圆形石面，四周围着9块扇形石块组成为第一圈，往外为第二圈用2×9=18块石面，再往外第三圈为3×9=27块石面，如此直到第九圈由9×9=81块石面组成。上层祭台四周用石栏杆相围，因东、南、西、北方向各开有出口，所以把栏杆分为四份，栏杆由两根立柱和一块栏板组成，上层祭台每一份栏杆都为9块栏板，共计4×9=36块栏板。第二层坛四周栏杆也为四份，每份各为18块栏板，共计4×18=72块栏板；最下层坛为4×27=108块栏板。上下层祭台之间的台阶也都由9步台阶组成。一座祭台，从地面铺石、四周栏杆到上下台阶包含着众多关于"九"的数字。天坛的祈年殿为帝王祭祀天地以求丰年的场所，圆形的殿身，里外用了三层立柱，内层四根大红立柱象征

北京紫禁城九龙壁

一年四个季节,中层12根立柱象征一年12个月份,外层12根外檐柱象征一日12个时辰,中层、外檐柱相加24根立柱又象征一年24个节气。封建社会以农立国,农业与天时季节关系密切,所以在这里用的数字都含有季节的象征意义。

以上介绍了装饰中应用的各种象征、比拟手法,从实际效果看,其中的形象比拟因为采用的多为中华民族传统的主题形象,它们的象征意义在广大百姓中有广泛的认知度,所以效果比较明显。色彩比拟由于色彩本身对人的视觉具有直观性和冲击力,主要色彩的象征内容亦在群众中广泛地流传,所以它们的装饰效果也比较明显。相对而言,数字比拟所表达的内容比较隐秘。人们来到紫禁城,进入红色的宫门,看到门上的成排金钉也能够欣赏到一种形式之美,见到九龙壁也会赞叹那色彩绚丽的琉璃蛟龙,但不会去数宫门上金钉的多少,更不会知道九龙壁上暗含的"九"字数。人们去天坛参观,那蓝色的琉璃瓦和白色的台基在四周浓密的绿色松柏衬托下,营造出的神圣气氛的确使人感到震撼,但是也绝不会去数那祭坛的铺地石和四周的栏杆数,即使数了也不清楚这些数字所包含的内容。所以这种数字比拟的装饰需要经过解读才能明白它们的作用。

北京天坛圜丘地面

形象的程式化与变异

　　建筑装饰艺术和一般绘画、雕塑艺术相比，它们既有共同也有相异之处。它们都属形象艺术，都以其可视的形象表现其内容，这是共同点；但不同之处是建筑装饰附属于建筑实体，它们都是建筑的一个部分，因此装饰形象多受制于构件的形式，不能像绘画、雕塑那样任凭艺术家随意创造。其次，在建筑的装饰中同一种主题形象往往会被重复使用，会成片或者成线地出现在同座建筑上。厅堂建筑的格扇门、窗，同一种窗格式样会重复用在每扇格扇上；同一座台基栏杆的望柱头多采用相同的动物或植物的形象，像颐和园十七孔桥栏杆望柱上的石狮子，每一个都互不雷同，这种情况只在特殊的情况下方会出现；屋顶瓦当和滴水，同一种花样的瓦都是成批量地生产供不同的房屋使用。而这种同样的主题形象的重复出现恰恰是绘画、雕塑创作中十分禁忌的。正因为如此，为了便于制作和使用，用在建筑装饰上的主题形象需要一种更为简化的形态与结构。在中国古代建筑装饰的大量实例中，我们可以看到那些常用的动物、植物、山水、器物的形象都被简化、概括而成为一种程式化的形态了，这种程式化形象的特点是既保持主题真实形象的特征，又比真实形态更为精练。

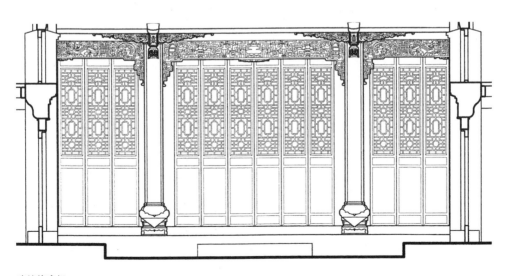

建筑格扇门

北京颐和园石栏杆

一、装饰形象的程式化

在中国，这种程式化的现象出现得很早。秦汉时期的瓦当大量用各种动物作装饰，除了龙、凤这类神兽外，虎、豹、鹿等皆为自然山林中常见动物，在瓦当上，它们的形象都被简化了，都成为一个平面的侧影出现在小小的瓦当上，但经过工匠的细心观察与创作，剪影式的虎与豹仍表现出那种凶猛的神态，不论是单只鹿还是母子鹿都显出那种温驯的特性。汉墓中的画像石与画像砖为我们留下一批早期人物、动物与植物的形象，这些形象也多为剪影式的平面，用简单的线刻表现在砖、石表面上。人们熟悉的马，工匠用精练的形象表现出站立、举蹄欲奔、四蹄腾飞等多种状态，生动而有力。如果说在画像石上的虎形还比较写实，那么在同一时期石柱础上的石雕老虎形象却已经精练许多了。柱础石上的虎头、虎身略呈方形，虎尾很长，盘绕着柱子，显得十分有力度。南唐时期墓表石柱础上也刻有两只老虎，虎头相对，虎尾相接，曲身环抱柱身，虎头、虎身均略呈方形，造型也便于雕作，但仍表现出了老虎那种凶猛、剽悍的神态。

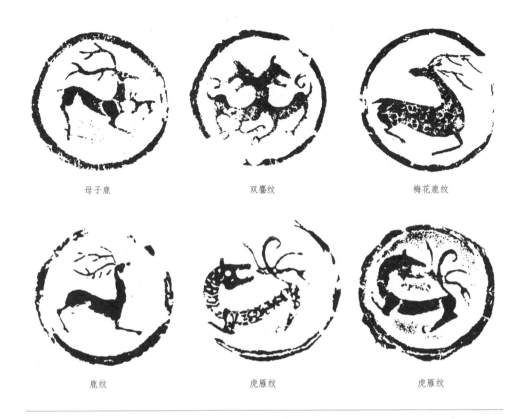

母子鹿　　　　　　　双鹭纹　　　　　　　梅花鹿纹

鹿纹　　　　　　　　虎雁纹　　　　　　　虎雁纹

动物瓦当

植物瓦当

汉画像砖上马

虎形柱础

建筑装饰中常用的牡丹、莲荷等植物，如果用在影壁等大幅的装饰画面里，它们真实的形象还能够雕刻出来，但是用在带形的长条边饰或者连续的石雕柱头上，则其形象需要精练和简化。在长期的实践中，牡丹、莲荷等植物形象都被工匠创作出简练而几乎定型化的形态。

自然界的山、水、云是中国传统绘画中常出现的形象，在历代的山水绘画中，画家既有十分写实的表现，也有把山、水、云彩简化为一种程式的表现。装饰雕刻中则进一步把它们的形象程式化了。在宫殿建筑台基御道和台基栏杆的龙、凤柱头上都可以见到这类山、水、云的程式化形象。

装饰中的器物也多以程式化的式样出现。琴、棋、书、画是表现文人士大夫超凡脱俗生活的题材，它们经常出现在讲究住宅的门头、格扇、梁枋上，它们的形象已经简化得用竖琴、棋盘、书函、画卷来表现，而且它们的形象在全国各地几乎成了定型。民间神话人物八仙也是建筑上常用的装饰题材，但八仙的人物形象用雕刻表现很费工夫，所以常用八位仙人使用的器物来替代，即张果老的道情筒、钟离权的掌扇、曹国舅的尺板、蓝采和的笛子、李铁拐的葫芦、韩湘子的花篮、何仙姑的莲花和吕洞宾的宝剑，这八件器物代表八仙，在装饰中称"暗八仙"，而且这些器物的式样也已相当定型化了。

牡丹、莲荷图

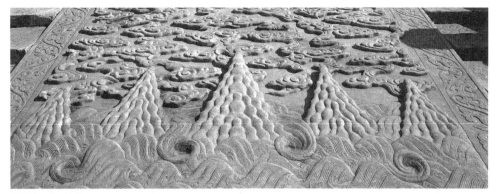

石刻山、水、云纹

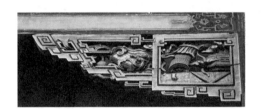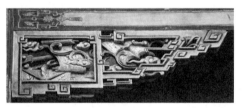

琴、棋、书、画装饰

暗八仙装饰

琴、棋、书、画装饰

二、装饰形象的变异

　　动物、植物真实的形象在建筑装饰中被程式化为一种定型的式样，甚至成为一种符号，这无疑会使装饰便于制作，形象塑造的质量也易于保证，但它们却失去了原有的生动性，使形象显得单调而呆板。所以在实践中，又出现了一种形象的变异手法，弥补了这种缺陷。

龙作为一种神兽，它没有固定的形态，但自从汉高祖自称为龙之子以后，龙成了封建帝王的象征，龙的形态出现在皇帝穿的服装上、皇帝使用的器皿上、皇帝所居的宫殿上，于是龙的形象逐步有了相对固定的形态。但是在建筑装饰里，由于构件形态的不同，龙的形态还是作了变异的处理。在宫殿建筑的梁枋彩画上，龙的装饰用得最多，一幅完整的梁枋和玺彩画，枋心处用的是在行进中的长条龙，箍头、藻头部分用的是头在上的升龙和头在下的降龙。在井字天花上，有曲体端坐的坐龙和盘卷如团的盘龙。在九龙壁上，九条龙更是各显神态，飞腾云水之间。如果说这些行龙、升龙、降龙、坐龙、盘龙、飞龙还只是龙体的不同姿态，而在宫殿屋顶的正吻则真正是龙的变体了。太和殿的正吻外形略呈方形，下方为一龙头张嘴衔吞正脊，上方为龙尾翘向青天，为了弥补龙体的不完整，在正吻身上又附了一条体态完整的小龙，而这样一种变异组合体在到处都有龙装饰的紫禁城里不能称为龙而归入龙生九子的龙子行列了。龙既为帝王的象征，朝廷遂规定非宫殿建筑皆不许用龙作装饰，但在汉高祖自称为龙子之前，龙早就是中华民族的图腾象征了，所以在远离都城的地区龙在民间照样得到了广泛的崇信，每逢年节，各地舞龙灯、赛龙舟成了喜庆的民俗。在建筑上也用龙做装饰，不过这些在各地寺庙、祠堂、会馆等公众类建筑上的装饰龙多有了变异的形态。最常见的是一个正规的龙头连着植物卷草形或者回纹形的龙身、龙足，这样的龙前者称"草龙"，后者因回纹呈拐来拐去的纹样，故称"拐子龙"。卷草和回纹变化自如，像弯曲的龙体一样，适宜用在多种形状的构件上，所以在梁枋、门头、格扇的砖石、木料雕刻装饰里经常见到。这种变异了的龙纹也出现在紫禁城次要建筑的门窗上。

梁枋彩画上的龙纹

影壁上龙纹

天花上龙纹

影壁上龙纹

狮子为野生动物，具有自身的形象，自从用它来护卫大门之后，不论石雕、铁铸、铜造或者泥灰塑造的狮子都是经过工艺匠之手进行了再创造，从留存至今的唐、宋时期陵墓墓道前的石狮子造型来看，都在尊重狮子原形的基础上对狮子头部或四肢作了一定程度的夸大处理，从而更加突显出狮子凶

雀替上草龙

窗上草龙与拐子龙

格扇裙板上草龙与拐子龙

猛、威严的神态。但是在各地寺庙门前、
石栏杆望柱、牌楼夹杆石上可以见到众多
造型有别于常态的狮子。这种现象是怎
样发生的呢？我们先以老虎为例，虎亦为
林中野兽，性凶猛，古人很早就将虎作为
力量的象征，用它的形象来做保护神，所
以初生婴儿要带绣有老虎的兜布，穿虎头
鞋，枕虎头枕，墙上挂着虎形装饰，炕床
上堆放着布制的、泥捏的虎形玩具。人们
盼望儿孙都长得"虎头虎脑"，像老虎一
样健康、强壮。值得注意的是，所有这些
虎都不是林中老虎那样凶狠的形象了，既
然老虎与大人、小孩的生活那样亲近，这
些老虎的形象都被人们制作得可亲可逗

唐代陵墓前石狮

民间虎枕、虎鞋

了，充满在民间的多种色彩、多种式样的老虎在中华大地上组成一种特有的虎文化。狮
子虽属传进来的异国兽类，但它与老虎一样为人们所喜爱，人们也将狮子作为力量的象
征，每逢节日，都跳起狮子舞，由单人或双人扮演狮子，在驯狮人的逗引下，登高涉水、
钻火圈，做出打哈欠、挠痒痒等多种有趣的动作，这些由人设计，又由人扮演的多种动

舞狮

狮子群像

作和神态使原来山林中凶猛的野兽变得可亲可爱又可逗了。这种现象可以称为狮子的
"人化"或"人性化"。人们通过这样的活动使狮子不但具有力量而且也成为一种喜庆
的象征。这种狮子的人性化必然会在装饰性的狮子形象上表现出来。于是在城乡各地出
现了各种变异了的狮子形象,有的歪头斜脑,有的张口嘻皮笑脸,有的四肢修长,抱着幼
狮,握着绣球。在牌楼夹杆石上的狮子头在下,尾朝下,用背部顶撑着立柱。在柱础上的
狮子有的背部承柱身,有的用狮身环抱立柱,甚至有的让柱子穿身而过。综观这些形象
变异的狮子,变异往往多表现在狮子头部和四肢的造型上,尤其是狮子头,"十斤狮子

九斤头，一双眼睛一张口"，这是民间工匠
对狮子造型的经验总结，狮子的种种可爱
可逗的神态往往都是通过头部的器官表
现出来的。通过这些变异形象的创造，凶
猛的狮子变得可亲可逗，千姿百态，于是
出现了"卢沟桥上的石狮子数不清"的民
间传闻。与虎文化一样，中国民间同样产
生了一种狮的文化。

　　变异的手法同样也表现在植物形象
上。在柱础上常见到用荷花的花瓣做装
饰纹样，称为"莲瓣"。为了增加这些莲瓣
的装饰效果，工匠在素净的莲瓣上加刻花
纹，称为"宝装莲花"，这当然违背了荷花

夹杆石上狮子

撑栱、牛腿上狮子

牛腿上狮子

狮子柱础

宝装莲瓣石刻

牡丹化生石刻

的生态。像这样的变异在一些成片、成长条的装饰中经常能够见到。为了使这些植物纹饰显得丰富与热闹，常常不顾它们自然的形态特点，把枝叶、花朵任意组合，树叶上可以开出花朵，花朵心中又可生长出枝叶，长在水面上的荷叶、荷花和生在水下污泥中的莲根藕可以同时出现在一个画面里，甚至把孩童像放到牡丹花叶中以表现佛教中"化生"的内容。这种违背植物生态特性的装饰处理反倒使植物本身更为生动，在其他民间艺术如剪纸、面花等创作中也经常见到类似的作品，人物的肚子里可以开花结果，猫的肚子里出现老鼠，等等，民间称这种手法为"花无正果，热闹为先"，意思是在艺术创作中只要求得画面的热闹、生动，是无所谓自然界规律的。

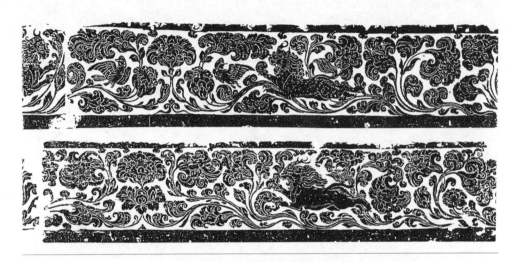

唐代卷草纹

民间动物面花

民间剪纸作品

装饰中情节内容的表现

在建筑艺术的表现中，装饰是很重要的手段，它可以较具体地表达出建筑主人的人生理念与追求。但是这种主要用象征、比拟办法表现出来的内容毕竟比较单一和浮浅，它们总不如绘画、雕塑作品那样能够表达出比较丰富、完整的思想内容。于是一种带有情节内容的装饰画面出现在建筑上。

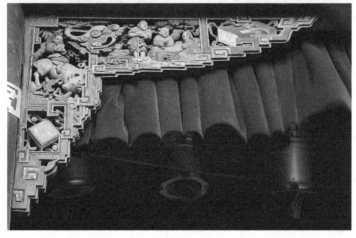

渔、樵、耕、读木雕

　苏州网师园门头砖雕

北京颐和园长廊

  中国古代长期的封建制度使广大农村始终处于农耕社会的自然经济条件之下，"渔、樵、耕、读"成为广大农民的理想生活与追求，尽管对于绝大多数农民来说这种理想多不能实现，但毕竟成了农耕社会的一种理想模式，所以在一些有经济实力的地主、商人、官吏的住宅上往往有这方面的装饰。农夫或手持渔网，或肩担、手扶柴木，或扶犁耕种，或手捧书本，他们与四周山、水、植物、建筑组成两幅或四幅木雕画，分别放在厅堂格扇的绦环板或雀替上，成为住宅中最主要的装饰，它们表现的内容比那些只具象征意义的个体形象自然更为直接与明白。

  江苏苏州网师园内有一座砖雕门头"藻耀高翔"，在门头的梁枋、屋檐、栏杆、斗栱各个部分满布砖雕，雕有狮子、蝙蝠、莲花、牡丹、竹子、梅花等具有象征意义的形象，但是在这座门头的左右两头更安置了两处具有情节内容的砖雕，在矩形的边框内，雕着由人物、建筑、树木、家具组成的戏曲场景，而且用立雕的技法使这些形象都具有立

119

体层次感,真好似在正对厅堂的两座小舞台上正在鸣锣唱戏。当然,这种场景的装饰雕刻最突出的作品是在广东广州陈家祠堂的外墙上,那两幅"刘庆伏狼驹"和"水浒传聚义厅"的大型砖雕分别雕出几十位人物和他们所处的建筑环境,场面之大、雕功之细成了这类装饰中代表之作。

北京颐和园内万寿山脚下沿着昆明湖岸有一条长达728米的长廊,四根柱子围成一间,长廊共有273开间,在每一开间的梁枋上都有彩画装饰,这里采用的苏式彩画,在画心都绘有一幅完整的画面,它们的内容除了山水、植物风景之外,多用的是古代《三国演义》、《水浒传》、《西游记》、《红楼梦》等著名小说和民间神话、传说中的著名情节,这里有《三国演义》中的桃园结义、三顾茅庐、黄忠请战,《西游记》中的三打白骨精、龙宫借宝;《水浒传》中的鲁智深倒拔杨柳;《红楼梦》中的元春省亲,等等。一架梁枋上一幅画,人们漫步长廊,除了饱览廊外的湖光山色之外,还能够细读梁上之画,使长廊成为一条宣扬传统文化的画廊。

这种直接用绘画、雕刻表现内容的装饰因为十分费工,所以它的效果虽然强烈而持久,但只能出现在很讲究的建筑上。

长廊彩画

第三章

建筑装饰的民族传统

中国古代建筑在世界建筑发展历史中具有鲜明的民族传统特征，因此从总体上看，依附于建筑上的装饰也必然呈现出这种传统特点。如果没有中国特有的木构架的结构体系，就不会有木柱、木梁枋的艺术加工，不会出现梭柱、月梁、雀替、斗栱等构件的艺术形象，也不会产生室内天花、藻井、格扇、罩这样的艺术形式。如果没有建筑群体的传统特征，就不会有伴随着群体而产生的石狮子、牌楼、影壁、华表这样一些有装饰性的建筑小品。正是这些依附于建筑上的各种大大小小的装饰构成了具有中国传统形式的装饰系列。在这些装饰上所体现的民族传统不仅表现在它们的外表形态上，我们还需要从这些装饰表现的内容、表现的方法等方面进行进一步的深入考察，才能认识这种传统的真正内涵，才能揭示出这种传统形成的前因后果。

装饰内容的民族传统

任何一种艺术所表现的内容都脱离不了那个时代的社会生活，都不能不带有一个地区、一个民族物质生活和意识形态的印记。建筑装饰艺术当然也不例外。秦始皇统一中国，在都城咸阳大建宫室，渭水两岸，宫观连片，主要殿堂朝宫中的前殿阿房宫，"东西五百步，南北五十丈，上可以坐万人，下可以建五丈旗"（《史记·秦始皇本纪》）。文献记载与建筑遗址发掘都说明其宫殿规模之大，装修之讲究达到空前的程度。汉高祖取得政权，臣下又在长安大建宫室，平民出身的高祖看了还有点顾虑，丞相萧何进言："天子以四海为家，非令壮丽亡以重威。"（《史记·高祖本纪》）明成祖朱棣取得政权，将都城由南京迁至北京，在城中心重新规划建造宏大的紫禁城，同时又在京郊寻得风水宝地建造自己的墓地。明、清两朝帝王，几乎都是在生前即寻地修建自己的陵墓，这生前、死后的皇宫为了体现封建帝王之一统天下，皇权至高无上，除了将皇宫、皇陵都建得规模巨大之外，还应用建筑形体和各种装饰手段去表现这种理念。自从龙成了皇帝的象征，宫殿建筑上充满了龙的装饰，走进北京紫禁城，在台基上，建筑的梁枋、天花藻井、门窗上，到处都可以见到龙的装饰。太和殿一扇格扇门上就有数十条龙，而整座大殿的上上下下，里里外外竟有装饰龙纹一万两千六百余处。除了这些完整的龙纹之外，还将

安徽歙县棠越村石牌坊

含有龙体某一部位的装饰，例如有龙头、龙尾的正吻，有龙头甚至兽头的门上铺首、台
基螭首等，都称为龙之子而纳入龙的系列，真可谓龙天龙地了。从这里可以看到，在宫
殿建筑上，有时反映思想意识的艺术功能甚至超过了它们的物质功能，建筑装饰的作
用被大大地强化了。

在以礼治国的封建社会里，儒家学说成了社会的思想支柱，成为中国专制社会的
统治思想。在这里，忠、孝、仁、义成为社会的道德观念，福、禄、寿、喜、招财进宝、喜
庆吉祥成了大众的理想追求。无数古代的诗歌、小说、戏曲、绘画都在传播和颂扬这种
时代的精神，建筑装饰艺术自然也不例外。城乡各地有数不清的忠义、节孝牌坊在传播
这种精神，安徽歙县一个村的大道上就竖立着七座石牌坊，都是称颂当地义士、节妇与
孝子的功德。山西五台山龙泉寺前那座石牌坊，从屋顶到基座都刻满了各式花饰，龙、
蝙蝠、牡丹、灵芝、仙果，各种具有象征意义的动、植物形象满布各处，牌坊正中心刻着
"佛光普照"、"法界无边"与"共登彼岸"，所有这些装饰向人们展现出一幅佛教天国

山西五台山龙泉寺石牌楼字牌

无比欢乐与繁华的景象。如果说安徽那些牌坊装饰向人们宣扬的是人们在日常行动中要遵行的规范，那么五台山佛寺牌坊是以人们来世向往的佛国世界引导人们今世的现实生活。

北京紫禁城宫殿门窗

　　当我们浏览了各地寺庙、祠堂、会馆、官署、宅邸上的各种装饰，可以见到用各类主题表现出来的福、禄、寿、喜、吉祥、如意等等传统的精神与意识，这里有帝王通过鲜艳的色彩和豪华的装饰表现出来的皇权与威势，有文人雅士通过淡泊的色彩和细腻的装饰表现出来的超凡脱俗的思想情怀，也有客居各地的商贾在会馆建筑上用繁缛和多彩的装饰表现出来的财势。我们在宫殿建筑上可以见到用最精湛的景泰蓝、嵌玉镶宝、描金镀银放在装饰上以创造出豪华奢侈的环境，在文人、士大夫的园林宅第里可以看到由山水、植物与建筑组成的宛如自然的意境，在乡间百姓的住宅大门上见到的是用砖、瓦砌筑甚至只用笔墨色彩绘制出来的门头门脸。这些装饰尽管水平高低不同，材料贵贱有别，但它们所表现的内容都是中国数千年的传统文化，反映的都是中华民族源远流长的传统精神。

江南园林建筑门、窗

各地会馆建筑装饰

北京紫禁城宫殿格扇

南方农村住宅门头

南方农村住宅门头

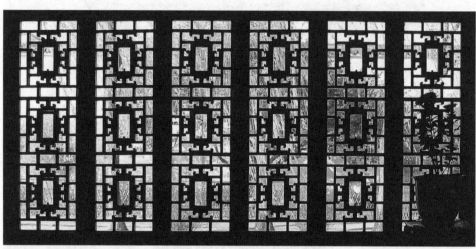

江苏苏州园林厅堂格扇

装饰手法的民族传统

在建筑装饰的创作中，将主题形象程式化和采用象征、比拟的表现手法，这种现象在中外古今的建筑装饰中都存在，但在中国古代建筑的装饰中表现得更为普遍，而且还具有自身的特点。

在艺术创作中，形象的塑造都来自创作者对客观景物的观察而获得的感性认识，这种认识还只能说是表面和初步的，可称为"表象"。然后创作者对这些表象进行综合、概括、提炼，经过复杂的逻辑思维与形象思维而创作出艺术形象。这种艺术形象既来源于客观世界，又不同于它们的自然原型。无论是意大利文艺复兴时期艺术巨匠米开朗基罗创作的《大卫》雕像，达·芬奇创作的《蒙娜丽莎》，还是中国唐代名画《历代帝王图》，它们都不是某一位民族英雄和贵妇人的写真肖像，历代帝王更不可能是诸帝王的写生，它们都是艺术家精心创作的艺术形象。这种艺术创作的共同规律在中国艺术创作的长期实践中不但得到广泛的应用而且还形成了自己的特色。这种特色集中表现在中国艺术所追求的"意"上。意即意境，一件艺术作品不但显示出客观景物的有形的物境，而且还要表现出无形的意境，即艺术家通过这些形象抒写的一种主观意念，这种意念通过物像能够使观赏者得到感悟。有无意境成了评价作品高低的标准，意境成了中国艺术创作中的最高追求。正因为如此，中国艺术创作中才产生了一系列特点，它们表现在以下几个方面。

在作品，尤其在大型作品的总体构图上，不拘泥于机械的一点透视或二点透视，它讲求动态式的观察，把客观景物通过艺术家的认知做全景式的描绘。宋代张择端创作的《清明上河图》可以说是这种构图的典范。作者从宋代都城汴梁的城郊一直画到城内的大街小巷，一路过桥，进城门，经过街道，进入商店、酒家、民宅，将沿途所见到的山水、城楼、建筑、桥梁以及划船的船工，商铺的商贾，摆地摊的小贩，饭铺、酒店中的顾客都纳入画中，都做了细微的描绘，一幅长达5米多的长卷把当年北宋都城的城乡面貌与民俗风情全景式地展示在人们的眼前。宋代画家王希孟的《千里江山图》长达11米许，全景式地描绘了绵亘山势、溪流飞泉、野市水村、楼阁房舍，这种千里江山的景观如果不用这种全景构图是无法表现出来的。像这样移动式的全景构图作品在西方古典绘画中尚不多见。

　　在画面题材的组织上不拘泥于景观事物的自然关系，为了表达作者某一种情思，可以把各种形象组织在一起。松、竹、梅在山林中并不都在一起，各种花卉也并不都在一个季节开放，但是为了表现对高尚人品的追求，多将松、竹、梅这"岁寒三友"画在一起。为了表现百花盛开万象更新的情怀，画家多把春季盛开的牡丹与秋菊、腊梅放在一幅画面上、著名画家齐白石在创作中更是把鱼虾动物、花卉植物、各种器物任意拈来组织成一画，生动有趣地表现出主人的情思。

宋画《清明上河图》

宋画《千里江山图》

    在形象的塑造上，中国古代的艺术家不但讲求形似，而且更注重神似，要以形表情，以形传神，力求形神俱备，贵在意境。宋代皇帝徽宗赵佶爱好绘画，特设皇室画院集中创作，但这位皇帝喜爱写真形似，朝廷画院画师竞尚写实以取悦徽宗。有一幅作品画的是金碧辉煌的殿廊，朱门半开，一宫女露半身于宫门外，手持簸箕作弃物状，箕中的

牡丹、莲荷等花卉装饰

鸭脚、荔枝、榧栗、胡桃、榛子等果皮皆描画得清楚可辨，形似到家，但此类作品在中国画作中虽为宫廷之画也属难登大雅之堂的下品。在绘画和雕塑创作中，凡塑造形象则讲求神似和表达意境，只要意足可以不求形真。青竹、红梅均为古代绘画中常见题材，但许多作品都用墨绘制，因为作者是通过竹、梅形象以表达个人的情思，于是在中国画坛上才出现了墨竹、墨梅和墨荷的创作。寺庙中罗汉的画像为了突出人物的神态，可以不顾人体和脸面正常比例。古代地下墓室中大量陶俑的形象塑造得更为随意，一组唐代的十二生肖俑，干脆用了人的身体配上十二生肖动物的头，在体态与表情上都完全人化了，十分生动地表现出它们不同的神态。

墨竹画

墨荷画

江苏镇江定慧寺罗汉像

　　在中国十分丰富的民间艺术品的创
作中也特别注意追求形象的神似。在皮
影戏，剪纸的创作中，人物、动物的形象
都舍去了立体的表现而用平面的形式，所
以作者必须对主题的真实形象进行概括、
简练，从而达到以二维空间的形态表现
主题神态的目的。各地民间创作出众多的

唐俑十二生肖像

虎、猫等形象的玩具和用具，它们不论是泥制、陶制的，民间艺人都对这些动物的真实形象作了大胆的变异，但始终都没有失去它们各自的神态。可以说这种神似的创作手法经过一代又一代的口述、手教和心记，已经深深地扎根于民间艺术创作之中，并且在长期实际中，把这种求神求意的创作手法发展到极富浪漫主义特色的境地。

我国古代建筑的装饰就是在这样的历史背景和传统艺术的环境下展开的。中国古代建筑，不论是宫殿、寺庙，还是园林和住宅，从总体规划、个体设计到制作施工，除有极少数官吏、文人的领导和参与以外，全由工匠主持和实施。从春秋时期的鲁班到负责建造北京紫禁城的蒯祥和清代主持

齐白石《偷桃》画

宫殿工程的"样式雷"，几代名家都是具有实践经验的工匠，他们既是经营创造者，又是直接劳动者，他们祖祖辈辈生活在民间，通过祖辈的口述和文字的传播，通过神话、宗教、戏曲和民俗活动不断地受到民族文化的滋养，接受传统的伦理道德和世界观。他们的手艺和其他民间艺术一样，依靠宗族和师徒的关系，言教身教，一代继承一代，所以建筑业的广大工匠在思想意识和手艺技术上都离不开传统艺术的熏陶和影响。那些寺庙中菩萨、金刚的塑造者，有的也就是建筑上砖、石、陶泥装饰的制造者，那些壁画的绘制者也同时是建筑上彩画的创作者。所以，中国古代艺术的传统创作方法与特点也必然指导着建筑装饰的创作。广东广州陈家祠堂外墙上那两幅大型砖雕，都是有数十位人物组成的大场景，他们活动在亭台楼阁之间，应用散点式的构图，构成规模宏大而有序的画面。那些刻制在瓦当上的虎、豹、鹿、马，它们都只有剪影式的侧面，但却表现出了各自的神态。在佛像佛塔基座上的力士雕像，或站立或跪在地，肩扛着基座，龇着牙鼓着双眼，全身肌肉突起，用力地承受着基座的重压。在这里不求人体的正常比例和肌体是否符合人体的解剖结构，不求形象的真实而应用夸张的手法，表现出了人物的神态。那些散布在建筑大门两侧和栏杆柱头上的狮子，通过工匠的创作，呈现出无数变异了的形态，但始终没有丢失狮子的神态。事实说明，求神似、讲意境的艺术创作方法已经深深扎根于中国艺作的方方面面。

民间虎形枕与布兜

佛座角神

民族传统的持续与发展

中国古代建筑装饰在内容和形式上所表现的民族传统为什么会保持得这么长久，一种装饰式样为什么会如此长久地被应用在建筑上，其中原因是多方面的。

首先，因为这些装饰所表现的思想内容有很大的继承性，尤其在中国长期的封建社会里，这种继承性更表现得特别持久。儒、道、佛所组成的思想体系在长达两千多年的封建社会里始终是全社会的统治思想，在礼制社会中皇帝始终占有绝对的统治地位。所以象征皇帝的龙被长期地用在宫殿建筑上，具有传统道德象征意义的奇禽珍兽、繁花异草成了建筑装饰中永恒的主题。福、禄、寿、喜是古代人们普遍的追求，而这种追求带有很大的普及性，它们不会因社会的变化而改变，从古到今，老百姓住房的大门

城市住宅、餐馆中的"福"字

上始终贴着大"福"字,新婚的房间里都要在墙上和窗户上贴上大红的"喜"字,许多饭店、餐馆里还供着财神爷的塑像。佛教、道教、伊斯兰教的信仰更超越时代、社会而长久地被人们信奉,在这些寺庙上的装饰也因此而得到长远的沿袭。其次,是因为人们的审美趣味也带有相当的稳定性与滞后性。以人与自然的关系而言,由原始人类对自然的恐惧,随着生产力和技术的进步,发展到对自然的驾驭,而后发展到对自然山、水、植物的欣赏,其中经历了漫长的时期。当人们认识了自然并对它们产生美感之后,这种美感可以保持十分长久。唐代诗人李白游览长江三峡和江西庐山瀑布分别咏出了"两岸猿声啼不住,轻舟已过万重山"(《早发白帝城》),和"飞流直下三千尺,疑是银河落九天"(《望庐山瀑布》)的诗句,这种对山川奇景的描绘所以能成为千古传诵的绝句,正说明这种审美观念的持久与惰性。对自然山川如此,对建筑装饰的欣赏也是这样。前面已经讲过,中国古代建筑装饰所表现的内容本来就具有很强的持久性,更何况有些建筑装饰所表现的只是一种抽象的形式之美,它们并不包含某种思想内容。在许多砖、石、木雕和彩画装饰里,由几何纹样和植物枝叶所组成的花饰,它们并不具有明确的思想内涵,而只是通过大小比例,布局的均匀、对称和疏密关系,色彩的调和与对比,总体上绚丽与淡雅的不同效果,而表现出一种形式之美。人们经过长期观察,对这些形式也逐渐形成一种判断美感的是非标准,这种标准代代相传,也具有相当大的稳定性。

综观中国古代建筑的装饰,它们在内容和形式上虽然保持着相当大的稳定与持久性,但并非没有发展与变化。在中国古代长期的封建社会,中国文化从总体看处于一个相对稳定的状态,但是历史上出现的几次大的中外文化交流,也对中国文化造成了很大的影响。近两千年前佛教的传入可以说是对中国固有文化的一次很大冲击。伴随着佛教的传入,佛教绘画、雕刻和佛教建筑也大量传入中国,给中国传统艺术注入了崭新的内容和形式,甘肃敦煌和山西大同、云冈等处的石窟艺术较全面地记录了这方面的情况。在这些石窟和寺庙里,我们可以看到佛像和佛塔作为佛徒顶礼膜拜的对象而出现,一些具有佛教内容的形象如飞天、火焰纹、莲荷成了装饰的主要题材,一些外来的璎珞、卷草纹也在装饰中出现,在云冈石窟中还可以见到古希腊爱奥尼式的柱头。另一方面,我们原来熟悉的一些中国传统装饰题材和纹饰,如饕餮、夔纹等各种兽面、云气、如意等纹样在这些石窟中却见不到了,消失了。这种现象告诉我们,这些旧的传统的形象一时难以表现外来的佛教内容,因而从建筑到装饰必然会出现一些新的形式与题材。但是如果仔细地观察这些新的形式,就可以发现那些外来的佛塔、佛像都不是原来印度

山西大同云冈石窟中佛像与飞天

甘肃敦煌石窟中飞天像
(上) 北周飞天 (下) 隋代飞天

的样式了，那些卷草、火焰等纹样也并非原来印度、波斯和希腊的花纹式样了，这些出现在中国这片土地上表现佛教内容的艺术形式都发生了变化。出现这种现象的原因是因为这些佛塔、佛像和装饰都是由中国的艺人和工匠创造的。佛塔是埋存佛舍利的纪念物，它成为佛的象征具有神圣意义而受到信徒们的膜拜。但是在中国人心里，这类受到崇敬的具有纪念意义的形象应该是崇高的，在佛教传入的汉代已经有了多层楼阁，所以中国的工匠将传入的印度窣堵波 (STUPA) 置放在多层的楼阁顶上以示对佛的崇敬，于是原来低平的窣堵波变成了中国楼阁式的佛塔。中国的工艺匠一般都不曾到过印度

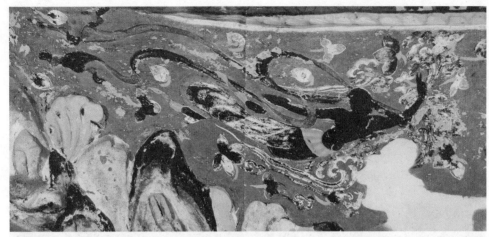

甘肃敦煌石窟中飞天像
（上）初唐飞天（下）五代飞天

等佛教诞生地，他们在塑造佛像时都怀着对宗教的虔诚，按照佛经对佛的描写精心地
创作。但是任何神像都是现实人像的神化，所以中国工艺匠只能根据他们心目中所积存
的中国帝王、贵族等高贵者的形象去对佛像进行再创造，所以才在石窟中出现了带有中
国传统"秀骨清像"风貌仪容的佛像；出现了中国人披着波斯大巾、戴着波斯帽的菩萨
像；出现了穿戴着中原贵妇人服饰的比丘尼。我们从北周、隋代到唐代的飞天的形象上
也可以见到这种逐步汉化的形象。石窟中的装饰纹样也是同样的状况。在敦煌石窟的
壁画里可以看见外来的一种应用比较广泛的卷草纹，它是由一片片叶子排列成行，形象
比较单薄而且生硬的条状装饰，但是经过中国工匠之手，表现在响堂山石窟中的这类纹
样就比原来的外形饱满，线条也流畅了。由于敦煌石窟的石质松散不宜石刻，所以这类

装饰卷草纹只能通过中国工匠之手用画笔画在窟壁上，把原有高低起伏的雕刻纹变为平面的花纹。而工匠在绘制这些纹样时，运用中国毛笔的特点，融合了中国绘制龙纹、云水的传统手法，使卷草纹花枝连绵不断，花叶萦回盘绕，线条如行云流水，潇洒飘逸。后来在单纯的卷草纹中又加进了外来的新题材石榴和葡萄与传统老题材牡丹与莲荷，再加上色彩的敷设，从而使外来的单调的卷草纹发展成为一种内容更多样、外形更丰富、华贵而绚丽的新纹样，这种纹样发展到唐代最为成熟与流行，故称为"唐草"。唐草纹样既有新的内容，又是传统的形式，使中国装饰纹样发展到一个很高的艺术水平。

云冈石窟中佛塔

卷草纹图：（上）敦煌壁画中北魏卷草纹
　　　　　（中）响堂山石窟卷草纹
　　　　　（下）敦煌石窟唐代草纹

147

敦煌壁画中的唐草纹

　　通过以上的介绍可以说明：佛教艺术的形式、内容都是新的，都是当时在中国传统
的艺术中所不曾见过的，它们给中国造型艺术注入了新的血液，丰富了艺术的形式与内
容。但是，这些新的内容，通过中国工艺匠的理解和实践又创造出一种新的形式，有别
于它们原有的形式而带有了中国传统的风格。我们在石窟里见到的尤其在比较后期的
佛像与菩萨像、飞天和装饰花纹，都是外来的主题，但它们的形象却都被中国化了，它们
体现了外来艺术与传统艺术的相互融合，创造出了一种新的艺术形式，它发展和丰富了
原有的传统，本身又成为连绵不断的传统中一个新的组成部分，这就是传统的延续与
发展。

第四章

建筑装饰的地域特征与时代特征

在装饰丛书的另外几部专著里，分别介绍了建筑从屋顶、结构梁架到门、窗、台基等各部分的装饰，当这些由木雕、砖石雕刻、灰塑、泥塑和彩画等表现出来的装饰展现在我们面前时，真是琳琅满目，丰富多彩。那么从这些眼花缭乱的装饰中，我们能够看到哪些共同性的规律呢？在装饰所表现的内容上，本书前面章节中已经论述过，它们表现的都是中国封建社会传统的礼制与

狮子像（上）南朝辟邪（下左）唐代石狮（下右）清代狮

清代石柱础

伦理道德，而且保持着很大的稳定性。从它们的形式看，却表现出异常丰富的形态。从历史的纵向来看，这些装饰具有不同时代的特征；从历史的横向来看，它们又具有多地域、多民族的不同特征。打开一部中国古代工艺美术发展史，可以看到陶、瓷、漆和玉器等种类的工艺品在唐朝及以前的时期，多表现出淳朴、丰满、博大浑厚的风格，到宋朝以后转向清秀、富丽，而发展到封建社会晚期的清朝，则明显出现了繁缛豪华的风格。表现在工艺品的技巧与形式上，一味追求纤细、奇特，瓷器要"薄如纸"，金银玉器讲求畸形怪异，象牙要雕出九层龙球相套，甚至用象牙削成薄片编织成凉席。在建筑装饰上也有类似的状况。以石狮子为例，早期南朝墓前的狮形辟邪不求与原型的形似，以简练而有力度的线条表现出狮子威武的神韵。在唐朝皇陵前的石狮仍保持了这种风格，着重表现出狮子整体雄伟的神态。但发展到清朝，则更注意刻画狮子的细部，狮身上的肌肉，狮头上的卷毛，都塑造得十分细致，但在整体上却失去了狮子的神态。在石柱础装饰上也可以看到这种时代的变化。早期柱础多用浅雕雕出简洁的莲瓣和牡丹的植物花叶作装饰，不破坏柱础的整体造型。但到了清朝，许多石柱础都成了玲珑剔透的石雕艺术品，原来扁平的柱础石被加高增大，上面布满了动物、植物甚至还有人物的形象，完全失去了柱础应有的浑厚而敦实的造型。

在众多的建筑装饰上所表现出来的地域和民族的、宗教的特征是很明显的。在佛教寺庙上，不论是汉传、藏传还是南传佛教的庙堂，都可以见到用动物、植物和人物组成的装饰，但在伊斯兰教清真寺的装饰中是见不到动物与人物形象的，因为伊斯兰教禁止偶像崇拜，所以不允许在装饰中有动物、人物的出现，只许用植物、几何纹和阿拉伯文字组成装饰，在长期的实践中，这种装饰形成为一种具有鲜明特征的伊斯兰艺术。云南大理地区盛产大理石材，所以在当地白族的住宅里常见到用具有天然纹饰的大理石嵌在墙上作装饰。在广西地区，因气候炎热，当地又盛产竹材，所以民间住宅常用编织成花纹的竹皮作墙体，它们被固定在梁柱之间，既透风又具有美的自然的外观。云南丽江的砖墙抹灰和江南地区的穿斗梁架竹泥墙都形成了该地区住宅富有特征的外貌。广东地区临海，对外商贸发展早，玻璃比较早地被应用在建筑上，所以在广东比较讲究的会馆、祠堂和大宅第里，常见到用刻花玻璃镶装在窗户上，具有很强的装饰效果。由于

云南佛寺大殿格扇装饰

新疆喀什清真寺藻井装饰

这些局部装饰风格的不同，因而在一幢建筑装饰的总体效果上也表现出了不同地域的特征。同为寺庙、祠堂和会馆，在福建、广东地区的这些公共性的建筑上，可以见到屋顶的梁上几乎布满装饰，梁枋、爪柱、柁墩、垂柱等各个构件上都有木雕，并敷以彩色，显得十分华丽和繁缛。而在浙江、安徽地区的这些建筑上，梁枋、柁墩也作了装饰处理，略呈曲线的月梁，驼峰形的柁墩，显得简朴而美观。

这些不同地区、不同时代各具风格特征的装饰产生的原因，有材料技术、地理气候、民族、宗教和民俗文化等方面的因素，为了深入地了解这些自然和人文环境的因素，我们选择了屋顶和大门这两个装饰比较集中又比较显明的部分，对它们在各地区的装饰形态加以比较，从而加深这方面的认识。

云南大理住宅大理石装饰

云南丽江砖土墙住宅

广西竹墙住宅

浙江穿斗架粉墙住宅

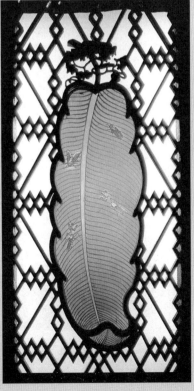

广东刻花玻璃窗

福建寺庙梁架

广东祠堂梁架

江南地区住宅厅堂梁架

屋顶装饰的特征

一、屋脊装饰

在《砖雕石刻》专著中已经介绍了山西地区的寺庙、住宅上的正脊装饰，因为山西邻近都城北京，正脊多保持都城建筑上正脊的做法，除了在脊两端的正吻和脊上有些花纹和线脚装饰外，不添加其他装饰。但是山西又盛产琉璃制品，在比较讲究的寺庙上多喜用琉璃瓦顶，顶上的正脊当然也全部由琉璃构件拼筑，在这些脊上常见到一种位于正脊中央突起的装饰。例如在山西介休张壁村的一座空王殿正脊中央立着一座高耸的楼阁，上下两层都供着佛像，阁顶立着由莲座与宝珠组成的刹杆，在楼阁两侧各立着一块匾，上面题有施银人和琉璃制作匠人的姓名和建造的时期。紧挨两匾的左右是一具张嘴衔脊的龙头，龙头上又立着一只麒麟，麒麟下有基座相托，背上负着宝瓶。从内容上看，这龙与麒麟为神兽和瑞兽，莲座与宝瓶都是佛教装饰中常用的主题。从形式上看，这种中央立楼阁，两侧有动物、宝瓶相配的装饰，在当地称为"三山聚顶"，意思是好比三座山聚拢在屋顶的脊上。这种三山聚顶式的脊饰在张壁村的另一座庙和山西其他寺庙殿堂屋顶上都能见到，只是有的把龙头上的麒麟换为大象。看来，这种琉璃制造的"三山聚顶"已经成为山西地区重要殿堂屋顶上特有的一种装饰形式了。

同样是佛教寺庙，但西藏和云南地区的佛寺大殿的正脊装饰却具有与山西寺庙完全不同的形态。在西藏、青海地区盛行藏传佛教，佛寺规模大，殿宇连片，在重要殿堂的屋顶上覆盖着镀金的瓦面，而在正脊上多用高突的金端作装饰，一般多用三个金端，中央的大，两边的略小。例如西藏拉萨著名的大昭寺大殿的正脊上，三个金端都由莲瓣、金铃和宝珠上下串联组成；另一座大殿正脊上中央立有金端，而两侧各有一大、一小的宝珠火焰纹装饰相配。这些表面镀金的金属装饰在西藏高原特有的蓝天白云的衬托下，显得分外鲜明突出，表现出西藏建筑特有的一种粗犷美。

云南西双版纳傣族聚居区信奉南传佛教，几乎村村都有佛寺，寺庙由主要的佛殿与经堂、佛塔和寺门组成，其中佛殿特别高大，为了美化屋顶，当地工匠多将硕大的屋顶

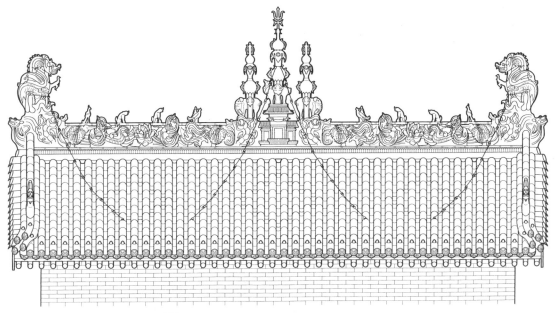

山西介休张壁村西方圣境殿脊饰

山西介休张壁村空王殿脊饰

山西平遥寺庙脊饰

西藏拉萨大昭寺佛殿脊饰

云南西双版纳佛寺脊饰

云南西双版纳佛寺脊饰

左右和上下分割为几片，于是长条的屋顶正脊被分作三段，中段高，两侧略低，在中段屋脊的中央有高耸的佛塔或塔刹作装饰，两端有正吻，在二者之间有植物枝叶组成的小装饰密集地排列在脊上，除了中央高突的塔刹装饰之外，这些植物形小装饰体量很小，而且除正脊外同时也排列在垂脊上，等于在庞大的屋顶四周镶嵌了一圈花边，减轻了佛殿屋顶的笨拙感。

现在把视线转到广州地区。广州有一座全省陈氏家族的总祠堂陈家祠堂，前后三进，左右三路，共计有九座厅堂，这些厅堂屋顶上的正脊都有十分细致的装饰。首先看门厅的正脊，上下分作两层，下层为灰塑的人物、植物、山石、题字，上层为陶塑的一幢幢店铺房屋，鳞次栉比，排列为一条热闹的商业街道，两端有倒立的鳌鱼作结束。居于祠堂中轴上的正厅规模最大，屋顶上的正脊当然也最讲究，上下两层，下层有用泥塑堆出的几幅人物、山水大画面和题字牌；上层也是用陶塑构成的商铺，一幢紧挨着一幢，几乎全部为两层楼阁，其中不但有传统的琉璃瓦顶的亭台楼阁，也有西方柱式、发券的洋式楼房，而且在这些房屋前面都有人物在活动，所有建筑和人物塑造精细，组成了一条热闹的买卖街。在祠堂的九座厅堂上都有这样的屋脊，它们组成祠堂天空上的一幅绚丽彩图。这种景象不仅在城市而且在农村也能见到，广东东莞南社村是一座谢氏血缘村落，村中有一座谢氏总祠堂，在全村二十余座祠堂中，它的规模最大，装饰也最讲究。祠堂门厅的屋顶也有一条由彩色琉璃制作的正脊，正脊中央一段排列着亭、阁、屋，房屋内外散布着四十余位人物，他们有的端坐、侍立，有的相互交流或迎送。有的房屋屋顶上还装饰着花饰，组成一幅城乡市俗生活的画卷，具有很强的装饰效果。在广东地区出现这样具有世俗场景的屋顶正脊当然不是偶然的。广东地邻海域，广州很早就成为对外通商口岸，明、清以来，外商涌入，华人也大量外出，他们一方面增长了见识，在思想上有了商业性和功利性的影响；一方面又促进了经济发展，积累了财富，促进了中外的交流。这些物质和精神的新因素不能不在建筑上反映出来，于是在屋脊上才有了热闹的商业街，才会出现中外形式建筑并列的场景等等。除此之外，在广东还有特殊的技术条件。如同山西善于烧制琉璃一样，广东也具有悠久的陶瓷制造历史，广州附近的石湾就是远近闻名的制陶手工业的集中地。陶瓷的原料就是当地盛产的陶土，工匠用陶土可以塑造多种人物、动物、植物、山水和建筑形象，待风干后在它们的外表涂以色釉，放入窑内经过高温烧制而成为各种彩色的陶瓷，因为它们都是由陶土塑造成型，所以称为"陶

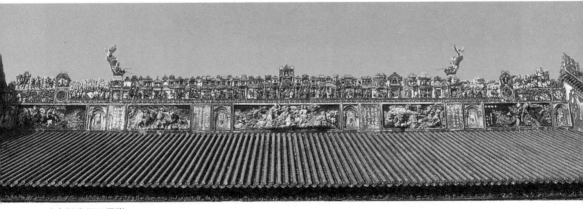

陈家祠堂正厅屋脊

陈家祠堂门厅屋脊

陈家祠堂屋脊装饰

塑"。石湾地区制作的陶塑形象生动，色彩鲜艳，制作精良，很早就被用在屋脊上，工匠
可以按主人的要求制造出不同形象，烧制后在脊上拼联成色彩华丽的屋脊，所以称为
"花脊"。

　　灰塑是一种用石灰作原料经人工塑造形象的工艺。原料是石灰或者用贝壳磨碎而
成的贝灰，经水浸泡后掺以纸筋或稻草筋，为了塑造形象的坚固，还要加少量糯米粉以
增加灰浆的胶黏度。工匠用这种灰泥直接在需要装饰的部位进行塑造，待所造形象晾
干后再在表面上色。这种灰塑的优点是原料廉价，工艺简单，塑造自由，不需烧制。但缺
点是经不起日晒雨淋，容易发生表皮层的脱落，甚至构件内部的松散，在形象的塑造上
不如陶塑的细致，所以适合用于塑造体量大而较为粗糙的作品。在广州陈家祠堂的几条
正脊上，都是下层用灰塑制造出比较粗放的山水、人物与植物形象，上层用陶塑制造出

广东东莞南社村祠堂屋脊

比较精细的房屋与人像，下粗上细组合成造型稳重的一条长脊。如果没有石湾精湛的制陶传统工艺，也很难制造出这些精彩的屋脊；如果单纯用砖雕瓦件拼制成长脊，也不会出现这些五彩缤纷的空中彩带。

二、屋面装饰

　　除了瓦的不同色彩对屋面有装饰作用之外，在屋面上其他的装饰不是很多。前面已经介绍过在四川地区的寺庙大殿上常见到一种为了稳定正脊上高耸的装饰，因而在屋面上出现的装饰，它们由人物、动物组成，立在屋面的中心位置。这似乎成为四川地区一种特有的装饰。

寺庙屋顶瓦面上装饰

在山西地区，由于冬季寒冷，山西又产煤丰富，所以住宅多用火炕取暖。煤火烧炕，煤烟经烟囱从屋顶排出，这些在屋顶上的排烟口经工匠之手都制成一座座小型的亭屋。四方的小亭，立在烟囱口上，立柱上架着四角攒尖屋顶，柱间设券门，煤烟从券门排出，屋顶上屋脊、小兽、瓦面、宝顶俱全。一幢多开间的住屋，屋顶上就立有多座小亭，它们排列成行，成了屋面上的一种特殊装饰。

如果把目光移往国外，处于欧洲西南的葡萄牙，每当冬季，城乡居民也习惯用住宅墙上的壁炉取暖，于是在屋顶上也出现了一个个排出煤烟或者木烟的烟囱口，和中国一样，当地工匠也都将这些烟囱进行了美化。这里有方锥形、圆锥形、多面锥体，也有呈方形小塔和圆形花柱的。这些白色或浅色的烟囱立在红色的瓦顶上，具有很强的装饰性，它们使住宅变得活泼起来。

同样是屋顶上的出烟口，同样经过了工匠的加工而有了装饰性，但是由于地域、国家的不同和建筑形态、文化背景的差异，这些烟囱呈现出完全不同的造型。

山西住宅屋顶烟囱口装饰

山西住宅屋顶烟囱口装饰

　葡萄牙住宅屋顶烟囱口装饰

葡萄牙住宅屋顶烟囱口装饰

大门装饰的特征

　　建筑的大门好比人的脸面，看人先看脸面，看建筑首先看到的就是大门，所以古时把一个家族或者家庭的声望称为"门望"；一家要相亲娶儿媳或招女婿，讲究对方要有声望且地位相当，这样的两个家庭被称为"门当户对"，可见大门在建筑上的重要地位。因此历来主人都很注意大门的形象，都讲究大门的装饰。北京四合院住宅的大门就按住宅的大小和重要性分作几个等级，各自有特定的规格与形式。现在选择大门为目标，观察、比较各地大门的形式及其装饰，可以更清楚地认识装饰的地域性和民族性特征以及这些特征形成的原因。

一、中外不同地域的大门装饰

　　我们选择了埃及、法国、德国、荷兰、葡萄牙等国的建筑的大门，这些大门和中国建筑的大门一样，装饰集中表现在门头、门脸和大门门板上。先观察门头、门脸的形式，从总体看，它们都是由石料砌筑，分别采用了与建筑相同的形式特征。按西方古代建筑发展的先后次序，这里有古埃及时期的神庙大门，大门背靠高大的石柱，柱头上有巨大

古埃及神庙大门

欧洲中世纪拜占庭建筑风格大门

欧洲中世纪拜占庭建筑风格大门

的神头像，大门两侧有方形立柱作门框，柱身也满布雕刻，大门具有古埃及神庙特有的那种巨大、宏伟而凝重的特征。这里有欧洲中世纪拜占庭建筑风格的大门，两侧立柱顶着门上方的圆形拱顶。这里也有中世纪哥特式教堂的大门，两根尖而细的竖柱之间，有一层层的尖券围护在大门周围，极典型地表现出了哥特建筑的特征。这里还有欧洲文艺复兴时期以及以后巴洛克、洛可可风格的大门，两根具有希腊、罗马古典主义柱式的立柱，上面横跨着三角形或者圆弧形山花。更多的是打破了这种标准的构图形式，山花破裂不完整了，上面堆砌了各种形式的雕刻。

对比中国古建筑大门装饰，它们和外国的一样，总体上都采用建筑本身的形式，大门门头与屋顶一样，下有梁枋支托，上有屋顶覆盖，如果两侧有立柱着地就变成门脸装饰了。这种木结构形式的门头、门脸后来被砖结构替代，即发展成为砖雕的门头装饰

哥特式教堂大门

了。对比中外不同地域的大门可以看到，一方面，这些异国他乡的建筑大门自然不同于
中国古代建筑的大门；另一方面，在这些同处欧洲的建筑大门上，也仍可以看到各地区
和各时代不同的装饰特征。

　　再看大门门板的装饰。在欧洲各地见到的一些教堂、府邸的大门也都是由木材料
制成的木板门，都是用长条的木板横向拼合而成门板。拼合的方式多数是用铁条横向
在门板正、背两面用铁钉将木板联在一起，一般用两条铁条分别置于门板的上方与下
方，如果门板过大，则在中间再加一条。铁条不但把木板拼联在一起，而且还起着门轴
的作用，做法是在铁条靠门边处突出一铁轴，与砌在墙上的铁轴相联而转动门扇，因此
在这些大门上既没有中国大门上方的门簪，也省去了门板下方的门枕石。工匠在制作大
门时自然也对这些铁条进行了美化加工，简单的做法是把这些铁条延生出几何形的花
纹，在浅色的门板上，有秩序地分布着深色的铁花具有很好的装饰作用。在一些讲究的
大门上，例如法国巴黎圣母院的大门上，这种铁花竟成为植物的枝叶，组织成密集的花
纹满布在门板上。

欧洲文艺复兴时期建筑大门

巴洛克、洛可可风格建筑大门

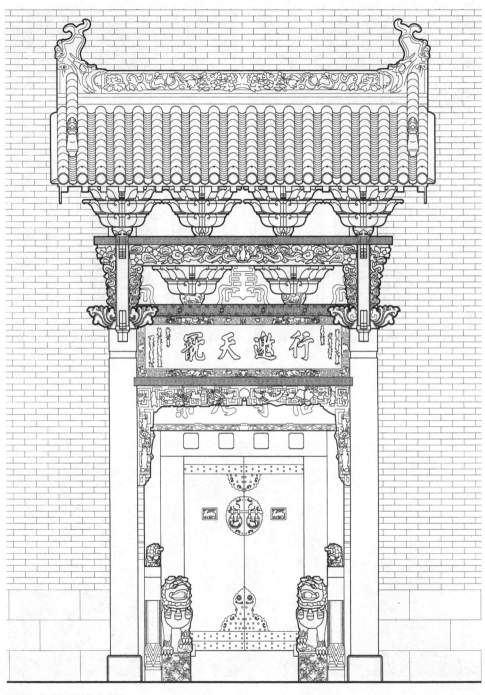

山西沁水西文兴村住宅大门

欧洲建筑木板大门

木板门上铁条装饰　　　法国巴黎圣母院门上装饰　　　欧洲木板门上的金属皮

　　欧洲的木板门也有用横向的腰串木加铁钉把木板拼联成门板的做法，它们和中国的板门一样，在门板上留下了排列整齐的钉子头，这种钉头多加工得比较光亮和细致。除此之外，有的也像中国门上的包叶一样，用金属条带包护木板以增强门板的整体性，这种金属条带有的很宽，变成一块金属片包在门

欧洲木板门上的门钉

板的下半部，使门板更加坚固。所有这些钉子头和条带经过加工后都成了门板上的一种装饰。

　　不论是哪种拼联法，门板上都有拉门和叩门的门环，门环用门环座固定在门板上。门环座有简单的圆形，也有用狮子头的；门环除圆形和各种曲线形的以外，还有做成人手形的。门环下叩门处也多有一块小金属垫，这些构件也都成为一种装饰。如果和中国大门上的同类装饰相比，当然存在地域间的差异，门环的式样比中国丰富，口衔门环的狮子形象比较真实，它不像中国门上的铺首是一种工艺匠创造出来的神兽。值得注意的是，这些欧洲各国的大门，从钉子头到门环、兽头，不仅式样多而且加工比较细，制作精良，这无疑反映出了那个时代欧洲在金属加工、制造工艺上的水平。

欧洲门上的门环

二、中国不同地区的大门装饰

　　大门门头装饰的形成有一个过程，最初建筑院墙上的大门是在墙上开一个缺口，两边立木柱，柱上架木梁，柱间梁下安木门扇即成院墙门。为了保护木料制成的院门和进出的人免受日晒雨淋，于是在大门上安一屋顶。如果院墙很高或者直接在房屋的外墙上开门，则这种屋顶只能由人字形的两面坡改为从墙上伸挑出墙面的一面坡，这就是具有物质功能的门头。因为门头所处部位的显著，所以多加以装饰，用梁枋、斗栱、垂柱和木雕将它们打扮得很漂亮，这样的木门头同时具有物质和艺术的双重功能。木料的门头终究经不起多年的雨打风吹，于是被经久耐用的砖结构替代，不过它们仍然保留着木结构的形式。两旁立柱或悬在半空中的垂柱，柱上架梁枋，上有屋顶覆盖，不过这些构件都由砖制成，构件上的木雕也统统改为砖雕，木门头变成为砖门头，只是它们已经不具有保护大门和遮挡日晒雨淋的功能而成为纯装饰性的门头了。

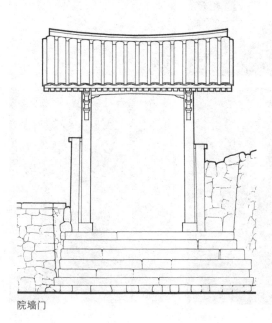

院墙门

木门头

　砖门头

现在比较不同地区的门头装饰,还是从木门头开始。山西地处华北,与明、清都城北京邻近,前面已经说过,山西建筑的屋顶、门、窗形制多比较规整,在比较讲究的住宅大门上多见到木制的门头。大门两侧有立柱或者垂柱,柱上的梁枋平直,只在表面用木雕装饰,梁上有整齐的斗栱支托着屋顶,屋顶铺筒瓦或者板瓦,屋脊平直,两端有龙形正吻,整体造型规则端庄。浙江地处江南,城乡的一些住宅大门也喜用木制门头装饰。门头分三开间,用垂柱分隔,柱上梁呈弯月形,在这些垂柱、月梁和斗栱上均有雕花装

山西沁水西文兴村住宅大门

187

浙江江山住宅大门门头

浙江江山住宅大门门头

饰，三开间上方各有一座屋顶，中央的高而宽，两侧的低而短，屋角起翘很大，正脊中央还有脊饰。从门头的总体造型到局部雕饰都比山西木门头花哨，总体造型显得活泼而热闹。在浙江地区也见到有的门头屋角不是起翘很高而是保持比较平缓，但屋檐下用弯曲的月梁和满布雕饰的牛腿，依然显得生动活泼。南、北地区建筑不同的风格也表现在两个地区的大门门头上。

浙江兰溪诸葛村住宅大门

重庆奉节白帝庙大门

梯雲直上

重庆忠县石宝寨大门

再来比较一下不同地区寺庙、祠堂等类型建筑的大门装饰。重庆奉节白帝庙是位于长江瞿塘峡西口白帝山上的一座寺庙，庙门为三开间三座屋顶牌楼式的大门，用砖筑造出牌楼柱、梁、屋顶等骨架，再在它的表面用泥灰塑造装饰。门比例瘦高，中央开间分上下两层，下层开设券门，上层设字牌，牌上有"白帝庙"字样，字牌四周有突起的五条龙和云水纹灰塑作装饰。大门两侧开间上各有一只灰塑的大花瓶，象征着吉祥与平安。在牌楼左右还有一道影壁呈八字形联接着大门，影壁上也满布灰塑花饰。整座大门立于山坡之上，门前有石阶通地，显得很有气势。重庆忠县有一座石宝寨，它是长江北岸处于江心的一座孤峰石寨，由一座九层高的寨楼通向寨顶，顶面平坝上有古庙，所以紧贴寨楼下的寨门也是这组古庙的头道庙门。寨门的结构与造型几乎与白帝庙大门一样，也是三开间三座屋顶的牌楼形式，也是砌筑结构，表面抹灰用灰塑装饰。中央开间下为石柱大门，上为字牌。字牌分两层，下层写"梯云直上"，上层书"小蓬莱"。梯云直上是形容寨楼紧贴垂直石壁，沿寨楼爬登有如直上青天的云梯；小蓬莱是指登上石壁，凌空环

重庆奉节白帝庙大门

浙江兰溪诸葛村春晖堂大门

顾四周江寨犹如身临海中蓬莱仙岛。一座寨门的字牌就点明了石寨的景观特色。在字牌
四周和立柱、梁枋上都有灰塑的龙纹与植物花叶、亭台楼阁的装饰。

浙江兰溪诸葛村是蜀汉丞相诸葛亮后裔聚居的血缘村落，村中多座祠堂的大门几
乎采用的是同一形式牌楼门。两柱单开间，上有三座屋顶，两根立柱上驾着梁枋，枋上

浙江兰溪诸葛村雍睦堂大门

成排斗栱支撑着屋顶。牌楼中间两扇大门，门上方有上下两道字牌。大门都是用砖筑造出牌楼形式贴附在墙面上成为一幅门脸装饰，梁枋表面都有砖雕，用龙、鱼、鹤、琴、棋、书、画和植物花卉、万字纹作装饰内容。如果把重庆的两座庙门和浙江的两座祠堂门作比较，同为牌楼形式同为砖结构作骨架，但前者用泥塑而后者用砖雕作装饰；前者梁柱穿联自由，屋角高翘，后者梁柱结构严密，屋顶起翘平缓；前者装饰多而且敷以色彩，后者雕饰布置有序，保持灰砖本色；所以在总体造型上前者花哨活泼，而后者规整端庄。这种牌楼式的单纯用砖雕装饰的祠堂大门在江西地区也常见到，这说明装饰用料的不同也是造成大门装饰凸显地区特征的原因。

我们再进一步将同处江南地区的各省大门装饰进行比较。现在选择安徽古徽州、江苏苏州和福建邵武市的住宅门头为例，这三处同处江南，都采用砖雕门头装饰大门。徽州住宅的门头全部用砖筑造，依照木门头的形制，两边有垂柱，柱间有横枋，梁枋上置斗栱支撑上面的屋顶，顶上有瓦面、正脊，脊两端还有吻兽，它们很像一座木结构的垂花门头。其中讲究的门头有多层梁枋重叠，中央留出字牌，梁枋上满布砖雕；有简单的只在两侧壁柱上联一道横梁，梁上几只大斗代替了斗栱，梁枋上雕饰较少。但这些复杂的或者简单的门头都很讲求整体的造型，由梁柱组成较方整的外形，通过出檐向两侧逐层斜出在上面组成屋顶。多层梁枋之间疏密相间，在砖面中留出几处粉墙，显得十分醒目。在砖雕分布上注意排列有序，雕法上以浅雕为主，因此总体造型端庄而不呆板，华丽而不繁琐。

江西景德镇祠堂门

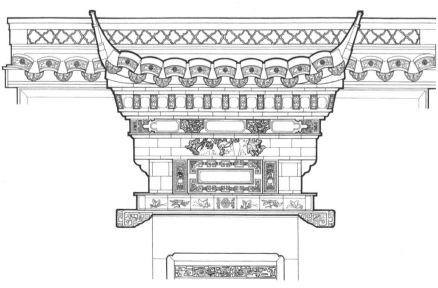

安徽黟县住宅门头

安徽住宅大门砖雕装饰

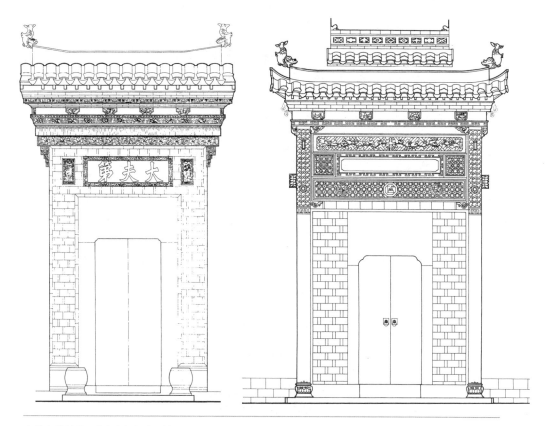

安徽古徽州地区住宅大门门脸装饰

　　苏州住宅砖门头的总体造型十分雷同，都是在门洞之上先有一道下枋，枋之上为字牌，字牌之上加一道上枋，然后为斗栱支撑屋顶。斗栱以下部分保持方整的外形，自斗栱以上，随着出檐使屋顶向两侧抻出，像一顶头盖加在门头上方。从装饰看有简有繁。简单的除在字牌两侧各有一处雕饰外，上下枋上只有起伏的线角作边框。复杂的在上下枋上都加雕饰，尤其在那道字牌上面的上枋上，有的用树林中的群马，有的用官人出巡的大队人马组成一横幅砖雕，两侧还有垂柱，枋下还有回纹组成的挂落。字牌下的枋上有的也雕出双龙与鱼、螃蟹共翻卷于水浪中，十分生动。门头中以网师院内"藻耀高翔"门头最精致。从总体造型看还是那么上下几部分，只不过在梁枋、花板上的砖雕更精细，例如字牌下的横枋上，先用"万"字纹作底，上面雕出几只蝙蝠围着"寿"字在云朵

江苏苏州住宅砖门头

中飞翔；在字牌两侧各有一幅戏曲场面的立体砖雕，其中人物、建筑、植物皆用立雕、透雕表现，神态生动，仿佛正在为厅堂中主人演唱。在两幅砖雕前还特别加了一道栏杆，栏板上还雕着透空的"万"字纹，更加强了舞台演出的效果。在檐下的斗栱，除了栱眼板雕成花板之外，在斗栱两侧还附加了透空雕刻的花板。屋顶两角高翘，屋顶上瓦件俱全。令人惊叹的是，门头上所有这些雕刻，尤其是那些透空的花板，即便是木雕也极费工夫，而现在全部都是砖雕，砖质地松而脆，要雕出这样的装饰的确需要神奇之功。从简洁的到复杂的门头，从字牌上的题名"慎修思永"、"云开春晓"、"厚德载福"、"崇德延贤"、"兰桂茂承"、"人寿年丰"，等等，从装饰所用题材和表达内容，都表现了苏州地区建筑装饰内容的蕴厚和技术精良的特征，反映了这个地区特有的人文环境。

江苏苏州住宅砖门头

江苏苏州住宅砖门头

江苏苏州网师园"藻耀高翔"门头

　　福建邵武地区也有一批颇为讲究的住宅的砖门头，有的像苏州门头一样，下枋、字牌、上枋、斗栱、屋顶组成方整的外形；有的做成四柱三开间的牌楼式；有更讲究的在大门两侧还连着八字形影壁。这些门头上装饰的特点是砖雕用得比较多，而且喜欢用深雕。横梁、枋上用砖雕，字牌上也不题字而用砖雕装饰。这些装饰除长条形的以外，多用方形、圆形、花瓣形等多种形式的小型雕匀布在门头上，而且每一小块雕刻都用人物、动物、器物、植物组成一幅画面，用深雕甚至透雕技法，使得这些砖雕虽然面积不大，可很显著。在大门两侧的影壁上有的也雕出整副格扇，格心上雕出透空的窗格花纹，上下绦环板上也有雕刻装饰。这样的门头、影壁铺设在大门四周，总体效果华丽而欠简练。

福建邵武住宅门头

福建邵武住宅大门门头上雕刻

福建邵武住宅大门影壁上雕刻

福建邵武住宅大门影壁上雕刻

　　以上三个地区的大门装饰都用的是砖筑门头、砖雕装饰，但为什么会有不同的风格特征呢？其中原因是多方面的。古代徽州地区，气候温和，适宜农业生产，但由于土地少人口多，随着明代手工业和商业的发展，大批徽州人离乡出外经商，经过几代人的努力，成为著名的徽商，他们积累了财富，荣归故里，在家乡购地建房，留下了大批讲究的祠堂与住宅。徽州地区也盛产笔、墨、砚和纸张，其中歙砚、徽墨和宣纸都是名扬四海的精品，所以徽州自古以来具有深厚的文化传统。一方水土养育一方人，这里又成了著名的新安画派和徽派版画的故乡。明代是我国版画发展的鼎盛时期，其中徽派版画占有重要位置，

安徽徽墨上的装饰

它的特征是讲究构图，注意线描，对主题人物、山水、建筑环境都精心配置，疏密得当，力图表现出诗情画意和典雅静穆的文人书卷气。这种具有具体形象的版画成了戏曲、小说中的插图而得以广泛流行。版画的流行不但培养了一大批画家，同时还训练出了一批精于刻画技艺的工匠。这种技艺不仅表现在版画的木刻上，也同时表现在歙砚与徽墨的制作上。一方讲究的歙砚，一块徽墨，都附有山水、人物的刻画，其做工之细成了徽州特技之一。综上所述，一是有雄厚的经济实力，二是有文人、画家所形成的人文环境，三是有技术精良的能工巧匠，徽州门头就是在这样的环境下产生的，它们所表现的造型端庄，构图疏密得当，装饰匀布而不杂乱，华丽而不繁缛的风格就是在这样的人文与技艺的环境下形成的。

苏州地处江南，河川纵横，气候湿润，自古以来既是鱼米之乡，又是人文荟萃之地。自宋代后，随着宋朝朝廷的南迁，经济、文化有了进一步的发展，蚕丝、绸纺成为本地的传统工业，在此基础上发展起来的苏州刺绣更以工艺精细而著称，凡人物、植物、动物的双面绣，其形象之逼真、色彩之秀丽、工艺之精美成为世上一绝，使"苏绣"成为享誉海内外的名牌。在建筑领域，出了众多园林的堆山、造池的名家；砖的制造在这里也有传统的特技，明、清两代修建北京紫禁城，用作主要宫殿铺地的特殊"金砖"就生产于苏州。苏州门头就产生在这样的环境里，只要我们看一看苏州的刺绣，听一听苏州的评弹说书，就可以认识和理解苏州门头那种极为精巧的特殊风格了。

福建邵武地区门头那种华丽而繁重的装饰风格也不是偶然出现的。在《雕梁画栋》、《砖雕石刻》的专著中，都介绍了福建建筑木构梁架和屋脊上的诸种装饰，它们大都造型复杂，雕刻多而细，色彩鲜艳，那些雕刻成多层走马灯似的垂柱头，彩龙卷伏的屋脊都给人留下深刻的印象。这种风格反映了当地民众的审美趣味，当然也会表现在门头的装饰上。

三、不同民族地区的大门装饰

这里选择西藏藏族地区、云南大理白族地区、新疆维吾尔族地区的建筑大门来进行比较。

先看西藏拉萨色拉寺的活佛公署大门。这是一座开在墙上的大门，厚实的木板门安设在门框内，门框和墙体相交处用几道框边条作装饰。大门上方有挑出墙面的木结构门头, 左右两只大斗栱自墙体伸出, 上面有一层横梁, 梁上有多层椽子承托住上面的屋顶。大门两侧有一黑色的门套, 上下成梯形, 这是藏族地区门上的一种特有装饰。在横梁、斗栱上有一些简单的装饰, 在所有木构件上都用红、绿、蓝、黄等油漆, 这种构件加工不细、用色粗犷的做法构成了藏族建筑所特有的一种粗犷之美。

西藏拉萨色拉寺活佛公署大门

　　云南大理白族住宅也是四合院的形式, 其中以三面房屋与一面影壁组合成的"三房一照壁"最流行。房屋外墙和影壁皆为白色, 只在山墙头和墙的边沿有一些彩色的装饰。住宅大门开设在与影壁并列的四合院一角, 门洞两旁砖砌的柱子之间有几道横梁与成组的斗栱支撑着上面大小三座屋顶, 屋檐下多层异型的小斗栱组成一层密集的木构网架, 三道屋檐弯曲成弓, 屋角翘向青天。在所有横梁和斗栱上都有雕刻装饰, 组成的门头仿佛像一顶彩色的王冠戴在大门上。远观这些白族住宅, 它们好像白族的年青姑娘一样: 大片白墙好比是姑娘们穿的白色民族服装, 墙边的彩带应是姑娘们衣袖和裤脚边的绣花, 门头就是戴在姑娘头上的重点装饰, 它们处于洱海之滨, 在苍山的衬托下, 显得异常明亮。

云南大理白族住宅大门

新疆喀什艾提卡尔清真寺礼拜殿门

新疆喀什艾提卡尔清真寺大门

　　新疆喀什和吐鲁番都是维吾尔族的聚居区，当地百姓几乎全民信奉伊斯兰教。这里众多的清真寺建筑多保留着阿拉伯地区伊斯兰教堂的原创形式。高大的门楼、尖形的门券，连着大面墙体，在墙的两侧还有高耸的邦克楼，几乎在所有的墙面上都用石膏或小瓷砖拼制成的花纹做装饰，这就是当地清真寺大门所具有的形式。这种形式不仅用在清真寺上，而且也成为当地名人纪念堂和墓地等重要建筑的大门形式，成为这个地区建筑的一种具有代表性的式样了。通过这些大门装饰的不同花纹、不同色彩还能表现出不同建筑的艺术特色。喀什最大的艾提卡尔清真寺礼拜大殿的尖券大门四周满布植物花卉和几何纹组成的花饰，它们像一块彩色缤纷的壁毯挂在门上，象征着天国的繁荣，欢迎信徒们步入圣殿。吐鲁番一座清真寺的尖券大门上画满了雪花形的纹饰，深绿色的底子上一朵朵洁白雪花象征着真主的圣洁。哈斯哈吉甫是11世纪著名维吾尔族学者，在他的陵地纪念建筑的墙面上满铺着印有植物花卉和阿拉伯文字的蓝色瓷砖。高耸的大门，中央有尖形门券，两旁附着两座邦克楼，不但造型宏伟引人敬仰，而且这冷峻的蓝色也似乎象征着这位学者冷静的思辨力和智慧。

新疆吐鲁番清真寺大门

新疆喀什哈斯哈吉甫陵堂门

　　以上三种不同地区的大门装饰，说明了不同装饰形态的形成既有不同地区文化传统的原因，也有不同宗教信仰的因素。

新疆喀什葛里陵大门

装饰特征的形成与价值

在这一章节里，我们选择了建筑屋顶和大门这两处的装饰来说明各地区、各民族的不同特征与风格。那么，这些特征是怎样形成的呢? 这些不同风格的装饰都具有哪些艺术和美学上的价值呢?

一、特征的形成

首先要看到建筑装饰都依附在建筑上，它不是独立于建筑的艺术品，因此一个地区、一个民族的建筑特征或称建筑风格也决定了这些建筑的装饰的特征与风格，它们二者是统一的，所以分析建筑装饰不同特征的形成原因也就是分析这些建筑特征的成因。

建筑和建筑装饰不同特征形成的原因是多方面的，总体上看有自然环境和人文环境两方面的因素。自然环境包括各地区不同的地势、气候、生产材料等; 人文环境包含宗教、信仰、民族文化、风俗以及由此产生的审美趣味等。

云南西双版纳傣族草楼

不同的地势、气候环境会产出不同形式的建筑，具有亚热带气候的云南西双版纳产生了通风散热的干栏楼，而高寒气候的西藏则创造了厚墙防寒的石碉房从而产生了空透轻盈与坚实稳重的两种建筑风格。

四川康定藏族石碉房

　　不同的建筑材料更会产生不同特征的建筑。西方古代的石材料产生了由石柱、石壁、石券拱顶组成的一系列古典建筑，成为"石头的史书"，因此这些建筑的大门上也出现了与建筑同一风格的门头装饰。中国古代木结构的建筑也使中国出现了木构的门头和由此衍生的砖门头和装饰。

　　但是为什么同样用木结构为骨架，用砖瓦作墙体和屋顶的建筑，在中国的北方与南方会产生不同风格的房屋呢？甚至在同一地区的江南，古徽州、苏州、福建的同一类型的砖门头也会具有不同的特征呢？这就需要从人文环境中去寻找原因。

　　佛教的寺庙和伊斯兰教的清真寺同样用砖、木筑造房屋，但是它们具有完全不同形式的建筑与门头装饰。同样为四合院形式的住宅，北京的胡同四合院和云南大理的白族住宅也具有不同的外貌，它们的大门装饰更具有不一样的特征。在各地寺庙、祠堂建筑的屋脊上大量用龙作为装饰主题时，广东的一些祠堂屋脊却做成一条热闹的买卖街。同样是木结构的屋顶，北方建筑具有平缓起翘的屋角，而南方建筑却将屋角高高翘向青天。江南园林建筑那种装饰不多、色彩淡雅与各地会馆建筑的雕梁画栋、色彩缤纷也形成了鲜明的对比。凡此种种，我们在前面章节中已经作了论述和分析，这些现象都是由于宗教、信仰、人生理念、风俗民情等方面的人文环境因素所造成的。因此在这个意义上也可以说，风格特征是人们精神的外在形式，它也显示出人们审美意识的印痕。

北京四合院住宅

云南大理白族四合院住宅

浙江兰溪诸葛村苏州式大门

　　任何一种信仰与人生理想、民族风情都是经过长期的历史积淀而形成的,因此反映在建筑装饰上的一些特征也是经过漫长时期才产生的。我们在考察这些建筑装饰的特征时往往会发现一个现象,就是这种地区特征并没有一个很明显的分界线,甚至在一个地区可以找到具有另一地区特征的装饰。中国长期的封建社会,对外闭关自守,对内各地区交流贫乏,是造成不同地区建筑特征形成的重要原因。但是作为建筑行业的工匠,尤其装饰行业的木匠、雕工、画工,他们仍具有在一定范围的流动性。浙江东阳自古出木匠、雕工,他们通过出外打工、招收学徒,不仅流动在浙江各地,也有不少走向外省。浙江兰溪诸葛村自古经营药材,村里建有数十座祠堂,几座讲究的祠堂大门的砖门头、门脸就是从苏州购买砖材,请苏州工匠前来修造的,所以出现了与苏州砖门

山东烟台福建会馆梁架

头相同的形式。山东烟台有一座福建会馆，这是在烟台经商的福建人的聚会地，为了表现自己家乡的文化和自身的财富，特别在福建制作了会馆主要建筑的砖、木结构构件，经海运到烟台进行安装，但只有戏台因故未能运到，只能在当地招募工匠制作。会馆建成后，不但使当地百姓看到了福建建筑那种精雕细刻、色彩缤纷的特有风貌，而且也使当地工匠学到福建的传统技艺。随着明、清两代手工业和商业经济的发展，这种文化、技术上的交流更为广泛，人们的见识广了，审美观念也多样了，所以在苏州住宅的门头上，不仅有屋角高翘的屋顶，也有屋角平缓的屋顶；在山西晋商大院的厅堂大门门楼上也出现了高翘的屋角。但是从总体观察，在中国古代，这种建筑和建筑装饰的地区特征始终存在。

江苏苏州屋檐平直的门头

山西晋商住宅屋檐起翘门头

二、特征的价值

建筑具有记载历史的功能，一座北京紫禁城，记载了明、清两代封建王朝的政治、经济和文化状况，所以历史建筑多具有历史、艺术和科学的价值。作为建筑上的装饰，同样也有这方面的价值，只是在艺术、美学方面的价值更为突出。在《中国古代建筑装饰五书》这套丛书中，我们分别介绍了各个地区和多种类型建筑的装饰，它们既有宫廷、园林、寺庙、住宅等类型的不同风格，也有各地区的特征。怎样看待这些不同类型和不同地区建筑装饰的艺术价值呢？

以建筑上的门窗为例，在紫禁城宫殿建筑的室内外，可以见到满布金龙的格扇和用名贵的楠木、紫檀制作，用玉石、景泰蓝、丝绸等作装饰的室内格扇。在苏州的一些名园中，可以见到用磨造的青砖作边框，瓦片拼出花纹的园门与墙窗。在西藏地区的寺庙里，可以见到用层层门框和木椽装饰并带有黑色梯形门套的门与窗。在各地乡间的祠堂和住宅上，更能见到具有多种花格式样的门窗。如果从艺术上讲，它们分别表现了宫廷艺术、文人艺术、宗教艺术与民间艺术，它们都具有艺术和美学上的价值，它们之间没有高低和优劣之分。

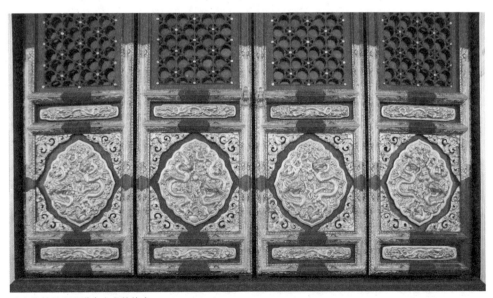

北京紫禁城宫殿满布金龙的格扇

223

紫禁城宫殿室内格扇

宫殿格扇上漆器、景泰蓝、丝绸等装饰

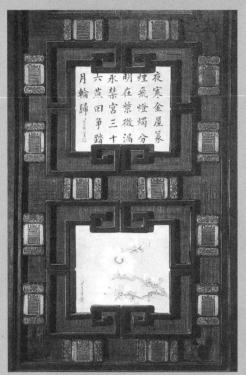
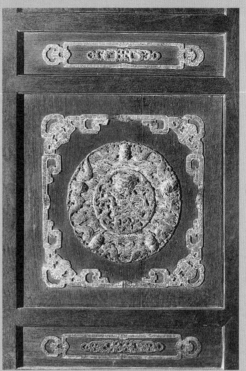

宫殿格扇上漆器、景泰蓝、丝绸等装饰

江南园林中门

江南园林中窗

江苏苏州园林门窗

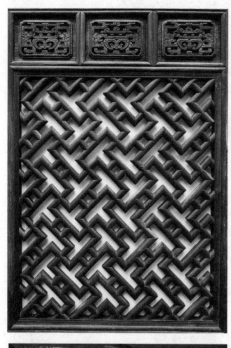
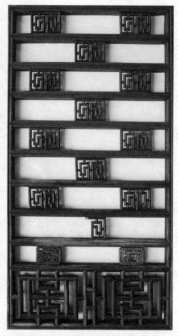

浙江农村住宅窗

西藏拉萨寺庙门窗

西藏佛殿门窗

　　在各地区各种建筑的众多装饰中，我们见到明代长陵裬恩殿内由楠木梁柱和青绿彩画组成的既简洁又极肃穆的空间；又见到福建地区的由雕梁画栋组成的、极热闹的祠堂、寺庙厅堂；我们见到贵州、广西乡间吊脚楼上经过简单加工而成的各种几何形体的垂柱头，也见到福建祠堂、住宅屋檐下的花篮形、走马灯型的复杂垂柱头。广东广州陈家祠堂可以说是集建筑装饰之大成的一组建筑，这里的装饰不仅多而且都很繁琐。九座厅堂屋顶上的正脊、垂脊都排满了由泥塑、陶塑制成的人物、动物和建筑；房屋山墙头从上到下也满布砖雕；厅堂檐柱之间和台基四周都设有石栏杆，从栏杆望柱头、栏板到扶手上都有突起的石雕；祠堂外墙上还专门有几幅由数十位人物和建筑组成的

北京明长陵祾恩殿内景

福建寺庙梁架

广西吊脚楼垂柱

福建住宅垂柱头

广东广州陈家祠堂门头

大型砖雕；走入祠堂，真是眼花缭乱，眼睛都会感到疲累。如果与北京宫殿、寺庙的屋脊相比，与安徽、浙江的祠堂栏杆相比，与山西大院房屋的山墙墀头相比，陈家祠堂装饰风格无疑是繁琐的、缛重的。建于清光绪年间的陈家祠堂，它的装饰正像这个时期的瓷器、象牙、漆器等工艺品一样，表现出一种追求造型奇巧、装饰繁重、色彩艳丽的风气，把技术的精雕细刻，制作上的极度精致当作了艺术的表现和标准，把装饰上的繁、多、杂不仅当作表现陈氏家族势力的手段；而且也视为一种美。这种风格装饰也在其他建筑上见到。那么怎样评价这类装饰的艺术和美学价值呢？在宏伟而严肃的宫殿建筑上不会出现这样的装饰，在文人的园林中更不能有这类装饰，但是不少百姓却会仔细地观赏它们，正是这些繁琐装饰所表现的丰富的民俗内容深深地吸引了他们，这些装饰所表现的精湛奇特的技艺使他们驻足不前，惊叹不止。

面对古代建筑的这些装饰，不论是构图简练的还是繁杂的，不论是色彩浓艳的还是淡雅的，不论是写实的还是写意的，它们都是古代工艺匠应用所掌握的技艺，倾注了他们全部精力与智慧，精心创造出来的艺术品，它们都具有相同或不相同的美学价值，为不同的人群所欣赏和爱好。自然，在具体的装饰创作中，由于构图处理、技法表现、色彩应用等方面的不同，会使作品有文野之分和高低之别，但它们的美学价值不会因装饰风格的不同而完全丧失。

中国古代建筑装饰在长期的实践中，正因为有了不同特征、不同风格的共同发展，才使传统装饰呈现出如此丰富多彩的面貌，从而使它们成为中国古代建筑艺术中极为重要的组成部分。

广东广州陈家祠堂石栏杆

图片目录

第二章　建筑装饰的表现手法

象征与比拟

第三章　建筑装饰的民族传统

装饰内容的民族传统

注：

图名后有①者录自《中国美术全集·工艺美术编·青铜器》，文物出版社，1985年。

图名后有②者录自《中国古代建筑史》，刘敦桢，中国建筑工业出版社，1984年。

图名后有③者为清华大学建筑学院资料室提供。

图名后有④者为清华大学建筑学院乡土建筑组提供。

图名后有⑤者录自《中国古代建筑史》第一卷，刘叙杰，中国建筑工业出版社，2003年。

图名后有⑥者录自《中国古建筑脊饰的文化渊源》，吴庆洲。

图名后有⑦者录自《梁思成全集》，中国建筑工业出版社，2001年。

图名后有⑧者录自《瓦当汇编》，钱君匋、张星逸、许明农，上海人民美术出版社，1988年。

图名后有⑨者录自《中国雕塑史图录》，史岩，上海人民美术出版社，1985年。

图名后有⑩者录自《内檐装修图典》，故宫博物院，紫禁城出版社，1995年。

图名后有⑪者录自《敦煌飞天》，张嘉齐、范云兴，中国旅游出版社，1993年。

图名后有⑫者录自《中国古代建筑史》第二卷，傅熹年，中国建筑工业出版社，2001年。

图名后有⑬者录自《中国敦煌历代装饰图案》，常沙娜，清华大学出版社，2004年。

图名后有⑭者录自《西藏古迹》，杨谷生，中国建筑工业出版社，1984年。

图名后有⑮者录自《西藏传统建筑导则》，徐宗威，中国建筑工业出版社，2004年。